煤矿安全培训系[illegible]材

绞车操作工

主　编　田　清
副主编　赵光明

煤炭工业出版社
·北　京·

内 容 提 要

本书从满足煤矿安全培训的实际需要出发，坚持按需施教的原则，力求实用、标准、科学，由煤炭行业相关专家、教授、工程技术人员和一线安全培训教师共同编写。对煤矿安全生产形势与法律法规、煤矿生产技术、矿井通风与灾害防治和自救、互救与创伤急救等煤矿从业人员必备知识进行了精要介绍，对矿用绞车及其运行安全技术、提升运输事故预防与案例做了详细阐述和分析。每章结尾结合煤矿安全培训工作实际，附有相关习题，方便读者复习。

本书主要作为煤矿绞车操作工的安全技术培训教材，也可供煤炭行业各类安全培训单位师生参考。

序

安全生产关系到广大人民群众生命财产安全，关系到改革发展稳定大局，党中央和国务院历来高度重视。党的十八大以来，习近平总书记把安全生产摆到了前所未有的突出位置，发表了一系列重要批示指示，对安全工作提出了许多新思想、新观点、新要求。概括起来主要有：一是牢固树立安全发展的理念，不安全的发展、带血的GDP坚决不能要；二是建立“党政同责、一岗双责、齐抓共管”的安全生产责任体系；三是人命关天，发展决不能以牺牲人的生命为代价，这必须作为一条不可逾越的红线。由此可见，党和政府对安全生产的理念越来越新，重视程度越来越高。以人为本、安全发展，生产必须安全、安全才能生产，已经成为全党和全社会的共识。

煤矿安全是安全生产工作的重中之重，它关系着煤炭工业的可持续发展，关系着国家的能源安全和经济安全，对全面建成小康社会，实现伟大中国梦也有着极其重要的影响。近年来，山东煤矿安全生产成绩显著，原煤百万吨死亡率连续10年控制在0.3以下，2009年为0.043，2013年为0.08，达到了世界发达国家煤矿安全生产水平，走在了全国同行业前列，国务院领导曾称赞“山东是全国煤炭系统安全生产的一面旗帜”。

在影响煤矿安全生产的诸多因素中，人的因素具有决定性作用。分析近年来发生的煤矿重特大事故，其直接原因大多数与人的不安全行为有关，很多事故是由于违章指挥、违章作业和违反劳动纪律造成的。加强煤矿职工安全生产教育培训，提高其安全技能和防范事故的能力，始终是煤矿安全管理工作的重要内容，是煤矿安全生产工作的重要环节，也是煤矿安全生产工作中贯彻落实科学发展观、坚持以人为本的必然要求。近年来，山东省煤矿安全生产形势持续稳定好转，其中也得益于始终坚持“科技、装备、培训”三并重，把煤矿安全生产培训工作放到了突出位置。《安全生产法》等有关法律法规规定了煤矿企业是安全生产的责任主体，也是职工安全教育培训的责任主体，必须依法履行职工安全教育培训的责任，制定培训规划，落实培训经费，保证培训时间，确保培训效果。2012 年，国务院安委会发布了关于煤矿安全生产的第 10 号令，第一次明确地规定了培训不到位就是安全生产重大隐患和安全培训责任倒查制度，这些都为深入贯彻科学安全发展观，落实各项安全生产措施，抓好教育培训工作提供了法律依据，创造了良好条件。

为落实好煤矿企业安全生产培训的主体责任，济宁矿业集团有限公司组织煤矿安全生产培训方面的专家、安全培训教学一线教师、专业技术人员、著名专家教授，按照国家煤矿安全监察局颁布的新的煤矿安全培训大纲要求，编写了该套煤矿安全生产培训系列教材。该套教材按照教考分离培训原则，紧紧围绕当前煤矿安全生产实际需要，广泛收集了当前煤矿安全培训的新内容、新方法和煤矿生产新工艺设备，具有很强的针对性、实用性和系统性。相信这套教材的编辑出版对山东省乃至全国提高煤矿安全培训质量，传播煤矿安全文化和安全技术知识，提高煤矿职工素质，都将发挥积极的作用。

山东省煤炭工业局局长
党　组　书　记　乔西琛

前　言

党的十八届四中全会首次以“依法治国”为主题，新《安全生产法》使煤矿安全培训纳入了法制化管理轨道，对培训管理、考试考核，特别是培训教材提出了更严、更高、更细的标准和要求。煤矿安全培训教材必须实用化、标准化、科学化，才能满足煤矿安全生产的实际需要。因此，济宁矿业集团有限公司职工培训中心根据按需施教的原则，在上级有关部门、高校与培训机构的支持和帮助下，组织有关专家、教授、工程技术人员与培训教学一线教师编写了这套煤矿安全培训教材。

本套教材共12本，包括：《安全检查工》《瓦斯检查工》《信号把钩工》《输送机司机》《绞车操作工》《主提升机司机》《井下电钳工》《爆破工》《采煤机司机》《煤矿班组长安全资格培训教材》《煤矿安全生产管理人员安全资格培训教材》《煤矿安全心理学》。

为使这套煤矿安全培训教材更具实用性、科学性和适应性，在编写过程中按照新《安全生产法》及《煤矿安全规程》的要求，介绍了煤矿生产中的新技术、新装备，兼顾了传统的煤矿生产技术与装备，增加了在解决煤矿安全生产技术难题中将被逐步采用的技术防范措施等内容。

教材采用“模块式”的编写体系。其中，法律法规基本知识和自救互救与创伤急救，以及煤矿安全生产技术基本知识等内容作为教材的公共部分。山东煤矿安全监察局原副总工赵日峰编写了煤矿安全生产法律法规部分；山东科技大学秦忠诚教授编写了深井采煤、冲击地压、地热、探放水等部分内容，并指导韩小刚、陈利编写了煤矿生产技术基本知识部分；兖矿集团环保培训中心资深专家邵泽厚编写了创伤急救、防灾避险部分。

本套教材在编写过程中得到了山东省煤炭工业局、山东煤矿安全监察局、山东科技大学、山东省煤炭工业局培训中心、山东省煤矿安全技术培训中心等有关部门和单位的大力支持和帮助。山东省煤炭工业局局长、党组书记乔乃琛为本套教材作了序；山东科技大学工业工程系李兴华教授指导编写了煤矿区队长、班组长安全资格培训教材的安全管理部分；山东省煤炭工业局培训中心主任刘玉华给予了悉心指导与帮助；山东省煤矿技术培训中心杨世模副校长给予了大力支持与指导；兖矿集团战略研究院牛克洪院长和著名煤矿安全心理学专家尹贻勤给予了指导与帮助。在此，对上述领导与专家致以最崇高的敬意与最诚挚的谢意！

教材在编写过程中参考了煤炭工业出版社、中国矿业大学出版社等出版的相关教材和著作，在此对作者表示感谢！

煤矿安全培训教材的编写是一项探索性工作，由于时间仓促和水平所限，难免存在缺点乃至错误，恳请读者和有关专家不吝赐教，予以斧正，将不胜感谢！

编委会
2015年3月1日

目　次

第一章　煤矿安全生产形势与法律法规

第一节　煤矿安全生产形势

一、我国煤矿安全生产的形势及基本经验

（一）我国煤矿安全生产的形势

我国是煤炭生产大国，煤炭是我国的主要能源。新中国成立以来，煤炭在我国一次能源生产和消费结构中始终占70%左右。我国富煤贫油的资源赋存格局，决定了在未来相当长的时期内，煤炭仍将是主要能源之一。据预测，到2050年煤炭将在我国一次能源结构中占50%以上。我国煤炭产量自1984年超过美国以来稳居世界第一，并且占到世界煤炭总产量的40%以上。2013年，我国原煤总产量为37亿t，达到了历史最高点。同时，煤矿安全生产形势也逐年好转，煤矿死亡总人数2011年下降到2000人以下，2014年下降到1000人以下；百万吨死亡率从2011年的0.564下降到2014年的0.257。

（二）我国煤矿安全生产水平提高的基本经验

我国有安全生产记录长达万天的煤矿，安全生产超过1000天的煤矿有近千家。这些成绩的取得，都是不断探索和总结的结果，得益于我国煤矿安全生产责任链的各层面都采取了若干有效措施，并积累了相应经验。国内煤矿安全生产水平提高的基本经验可总结为以下几点：

（1）煤矿的安全生产既是必要的也是可能的，并且煤矿安全生产水平与煤矿的规模、体制和开采条件等客观因素没有必然

联系。

(2) 煤矿的安全与生产之间不存在利益冲突，反而有着内在的统一，安全能够促进生产，生产又能带动安全的提高。

(3) 煤矿安全生产水平的持续提高需要安全生产责任链上的多方相关利益者共同努力，任何一个环节的责任不到位都可能导致安全事故的发生、安全生产水平的下降。

(4) 安全生产工作应当以人为本，坚持安全发展，坚持"安全第一、预防为主、综合治理"的方针，强化和落实生产经营单位的主体责任，建立生产经营单位负责、职工参与、政府监管、行业自律和社会监督的机制。

(5) 煤矿安全生产需要各责任相关方领导的高度重视，所有参与者必须不折不扣地遵守安全法规，尽心尽责尽力，并且不断探索适合本职岗位的有效方式。

(6) 煤炭企业必须积极承担煤矿安全生产的主体责任，必须全面加强基层的安全基础管理，深入开展安全质量标准化活动，开展本质安全型煤矿的创建工作，切实加强煤矿班组安全管理等。

(7) 煤矿安全生产水平提高需要加大安全投入，提高煤矿技术装备水平，提高矿工素质，实施煤矿的精细化管理。

(8) 对煤矿的重大安全隐患（如瓦斯与水害等）需要综合治理，即从理念、技术、管理与组织等多方面进行整治，才能根治。

(9) 政府提高安全标准，整顿与关闭不达标的中小煤矿，优化产业结构，通过实施"科技兴安"战略和强化员工安全培训，提高煤矿安全生产的整体能力。

二、世界主要产煤国的安全生产现状与经验

世界主要产煤国，如德国、澳大利亚、美国等国的煤矿均经历过事故多发期。但自20世纪80年代以来，这些国家的煤矿安

全生产状况都有了根本性改善。

德国的煤矿安全管理突出细节。其主要经验可归结为：一是完备立法和严格执法；二是重视煤矿安全技术的研究与开发工作，采用先进的安全控制技术；三是对安全监督实行双轨制，一方面依靠行政力量实施监管与监察，另一方面借助社会和工伤事故保险联合会等商业监督力量；四是救护措施周全到位，安全责任层次分明，安全意识和预防为主的理念深入人心。

澳大利亚的煤矿安全生产保持着世界领先水平。其主要经验：一是拥有完善的法规与较高执行力；二是先开采易采煤矿，其露天煤矿的产量约为总产量的3/4；三是采用有针对性的煤矿安全管理与技术措施，尤其是针对澳大利亚大多数煤矿的瓦斯含量较高的特点，探索出有效的技术与措施；四是煤矿开采机械化程度较高，减少了劳动力的数量，减轻了劳动强度。

美国的煤矿安全生产水平的提高经历了较长的时期。目前其煤矿安全状况处于世界领先水平，百万吨死亡率为 0.03 左右。纵观美国煤矿安全生产水平提高的历程可以看出，美国通过综合治理的方式提高了煤矿安全生产水平，其主要经验如下：

(1) 强化立法，保障生命健康安全。1891 年美国颁布了第一个有关矿山安全的法律，此后在每次重大事故后都进行了修订或重订，并于 1969 年颁布了新的《煤矿安全与保健法》，规定了世界上最严格的安全与保健标准。1977 年颁布了《联邦矿山安全与保健法》，并在此法的开章之初重申了国会的声明：煤矿和其他矿山至关重要的是其最珍贵的资源——矿工的健康与安全。美国煤矿企业遵守该法开采煤炭，而政府部门依法监察。

(2) 持续提高煤矿装备技术水平，煤矿安全科研工作投入大、产出多、推广快。美国在提高煤炭产量的同时，提高煤矿安全生产水平的重要途径是发明与应用先进的煤矿装备，不断促进煤矿的技术进步。其重要表现之一是美国煤炭开采方式的持续改进。美国还通过立法的形式要求煤矿对煤炭生产加大投入，采用现代化的采掘和安全设备，应用先进的采掘和安全技术，尤其强调运用数字新技术，确保煤矿的生产安全。

（3）通过扎实的在职培训工作，不断提高矿工的素质与安全技能。美国法律规定，所有矿工在上岗之前要接受培训，上岗后每年还要接受再培训。美国联邦矿山监察局每年都对 48 个州的指定机构给予资金支持，以促进矿工培训工作的开展。

（4）产业集中度不断提高，实施优质煤矿先行开采战略。1907 年美国共有各类大小煤矿 1.5 万个，经过百年的兼并重组与关闭，目前只有 1400 个煤矿。20 世纪早期美国煤矿以井工矿为主，目前露天矿煤炭产量比重为 70%。与井工矿相比，露天矿易开采且更安全。

（5）煤矿经营者重视煤矿安全工作，煤矿企业的安全生产自律性强，夯实了煤矿安全生产的微观基础。美国拥有良好的安全生产记录的煤矿，其负责安全生产的管理者都具有较强的安全责任感；在工伤率比较低的煤矿，管理层一般都很重视安全生产，并以各种形式承担着安全责任。

（6）煤矿开发前的严格审批尽可能杜绝安全隐患，先进的矿山救护体系能有效减少事故发生时的死伤人数。美国煤矿开发建设审批程序比较复杂，联邦、州和地方政府都对煤矿建设项目，特别是对其安全健康和环境保护等方面有着严格的审批制度，其申请一般需要 1 年准备，6 个月至 2 年才能获得签发。

（7）从重处罚与奖励先进，建立有利于煤矿安全生产的激励与约束机制。

第二节　煤矿安全生产方针和法律法规体系

一、我国煤矿安全生产方针、政策

安全生产关系到人民群众生命财产安全，关系到改革开放、经济发展和社会稳定大局，关系到党和政府的形象和声誉。安全为了生产、生产必须安全是现代工业的客观需要。我国确立了“安全发展”为安全生产的基本理念。煤矿企业各级管理人员都应将此理念贯彻到企业的生产过程中，真正把安全作为生产的前提和原则。

（一）煤矿安全生产方针、政策

安全生产方针是指政府对安全生产工作的总体要求，是安全生产工作的方向。我国目前的安全生产方针是“安全第一，预防为主，综合治理”。作为安全生产管理人员，对其应有深刻的理解。

安全第一，必须坚持以人为本，坚持安全是一切生产经营活动的基本条件和原则。企业在生产过程中，应时时、处处、事事、人人考虑安全，把安全放在一切工作的首位。

预防为主，体现了现代安全管理的思想，就是把安全生产工作的关口前移，超前防范，建立预测、预报、预警、预防的递进式、立体化事故隐患预防体系，改善安全状况，做到防微杜渐，防患于未然。

综合治理，是指为适应我国安全生产形势的要求，自觉遵循安全生产规律，正视安全生产工作的长期性、艰巨性和复杂性，抓住安全生产工作中的主要矛盾和关键环节，综合运用经济、法律、行政等手段，人管、法治、技防多管齐下，并充分发挥社会、职工、舆论的监督作用，有效解决安全生产领域中存在的问题。

（二）煤矿安全生产方针的贯彻落实

安全生产方针的精髓在于重视人的生命价值，把它置于一切工作的最高地位。煤矿贯彻安全生产方针，就是要求各级管理人员，把安全放在一切工作的首位，正确处理安全与生产、安全与效益、安全与发展的关系。同时，要充分认识到安全生产工作的长期性、艰巨性和复杂性，有效解决安全生产中的各种问题。煤矿安全生产方针需要贯彻和落实到煤炭企业的每一位从业人员。

坚持“管理、装备、培训”三并重的原则。“管理”体现了人的主观能动性。严格和科学的安全管理，可以弥补装备上的不足，能减少事故，保障安全生产，是煤矿安全生产的重要保证。“装备”是实施安全作业、创造安全环境的工具。加大安全生产的投入，采用先进的技术装备可以提高工作效率，也可以创造良好的安全作业环境，避免事故的发生或减少事故损失。“培训”是提高职工安全技术素质的主要手段。许多事故的发生主要是因为职工法制观念和安全意识淡薄或缺乏安全生产专业技术知识，只有高素质的人才，才能用好高技术的装备和进行高水平的管理，才能确保安全生产。因此，只有采用科学有效的管理，推行先进的技术装备和强化安全培训，才能真正落实好煤矿安全生产方针。

二、煤矿安全生产法律法规体系

按照《中华人民共和国立法法》的规定，我国安全生产法律法规体系主要由以下6部分组成：

(1) 宪法。宪法规定，国家通过各种途径，加强劳动保护，改善劳动条件。

(2) 法律。法律由全国人大或全国人大常委会制定，由国家主席签署主席令予以公布，如《安全生产法》《矿山安全法》《煤炭法》《职业病防治法》《刑法》等。

(3) 行政法规。行政法规是国务院根据宪法和法律制定的规范性文件，以总理令形式公布，如《煤矿安全监察条例》《国务院关于特大安全事故行政责任追究的规定》《安全生产许可证条例》等。

(4) 地方性法规。地方性法规包括省、自治区、直辖市的地方性法规和较大市的地方性法规。前者是由各省、自治区、直辖市人民代表大会及其常委会根据本行政区域的具体情况和实际需要，在不与宪法、法律、行政法规相抵触的前提下制定的规范性文件；后者是由较大市的人民代表大会及其常委会根据本市的具体情况和实际需要，在不与宪法、法律、行政法规和本省、自治区的地方性法规相抵触的前提下制定的规范性文件。

（5）规章。规章包括部门规章和地方政府规章。部门规章是国务院各部、各委员会、中国人民银行、审计署和具有行政管理职能的直属机构根据法律和行政法规，在本部门权限内发布的规范性文件，由部门首长签署命令予以公布。部门规章不能同宪法、法律、行政法规相抵触。地方政府规章是由省、自治区、直辖市和较大市的人民政府，根据法律、行政法规和本省、自治区、直辖市的地方性法规制定的规范性文件。

（6）标准规范。安全生产标准和技术规范是安全生产法律法规体系的重要组成部分，是安全生产法律法规贯彻实施的重要手段和技术支撑。如近年来，国家标准化管理委员会、国家安全生产监督管理总局共同编制和修订的煤矿安全生产标准和技术规范。

第三节　煤矿安全生产主要法律、法规及规章

一、煤矿安全生产主要法律

（一）《中华人民共和国安全生产法》

《中华人民共和国安全生产法》（以下简称《安全生产法》）于2002年6月29日由第九届全国人民代表大会常务委员会第二十八次会议审议通过，由中华人民共和国主席令第70号公布，自2002年11月1日起施行。2014年全国人大常委会对《安全生产法》作了全面修改，新版《安全生产法》于2014年8月31日第十二届全国人民代表大会常务委员会第十次会议通过，自2014年12月1日起施行。

《安全生产法》的立法目的如下：

(1) 加强安全生产的监督管理。近年来我国安全生产形势严峻，重大、特大生产安全事故时有发生，因此有必要根据我国安全生产的实际情况和国家安全生产监督管理体制的调整，加强对安全生产的监督管理，规范生产经营单位的安全生产行为。

(2) 防止和减少生产安全事故，保障人民群众生命和财产安全。《安全生产法》从法律制度上规范生产经营单位的安全生产行为，确立保障安全生产的法定措施。以国家强制力保障这些法律制度和措施得到严格贯彻执行，防止和减少生产安全事故的发生。

(3) 促进经济发展。安全生产的最终目的是保证生产经营单位生产经营活动的正常进行，不是单纯为安全而安全。因此，制定《安全生产法》，防止和减少生产经营单位的生产安全事故，使生产经营活动安全、健康地进行，以促进经济发展。

(二)《中华人民共和国煤炭法》

《中华人民共和国煤炭法》(以下简称《煤炭法》) 于1996年8月29日由第八届全国人民代表大会常务委员会第二十一次会议审议通过，自1996年12月1日起施行。2011年和2013年进行了两次修订。这部法律为煤炭的生产、经营活动确立了基本规范。

1. 主要内容

该法共8章69条。第一章，总则；第二章，煤炭生产开发规划与煤矿建设；第三章，煤炭生产与煤矿安全；第四章，煤炭经营；第五章，煤矿矿区保护；第六章，监督检查；第七章，法律责任；第八章，附则。该法确立了坚持安全第一、预防为主的安全生产方针，提出了保障国有煤矿的健康发展；开发利用煤炭资源，应当遵守环保法律、法规，做到使环境保护设施与主体工程同时设计、同时施工、同时验收、同时投入使用；严格实行安全生产许可证制度、安全生产责任制度及上岗作业培训制度；加强矿区保护，加强煤矿企业监督检查，要求煤矿企业依法办事；

维护煤矿企业合法权益，禁止违法开采、违章指挥、滥用职权、玩忽职守、冒险作业，依法追究煤矿企业管理人员违法责任等。该法对煤矿企业的健康发展具有重大意义。

2. 2013 年修订的新变化

2013 年 6 月 29 日，第十二届全国人民代表大会常务委员会第三次会议决定对《煤炭法》进行修改。2013 年《煤炭法》修改后取消了煤炭生产许可证和煤炭经营许可证，结束了煤炭生产许可证和煤炭经营许可证制度，国家煤炭主管部门对于煤炭生产企业和煤炭经营企业的生产经营干预继续减少，煤炭生产、经营企业不会因为没有煤炭生产、经营许可证而无法生产、经营。这无疑给煤炭生产企业松了绑，有利于煤炭生产、经营企业轻装上阵，平等参与煤炭生产和煤炭经营，平等参与煤炭市场竞争。煤炭生产、交易的市场化程度进一步提高。

（三）《中华人民共和国矿山安全法》

《中华人民共和国矿山安全法》（以下简称《矿山安全法》）于 1992 年 11 月 7 日由第七届全国人民代表大会常务委员会第二十八次会议审议通过，由中华人民共和国主席令第 65 号公布，自 1993 年 5 月 1 日起施行。

1. 立法目的

《矿山安全法》第一条指出："为了保障矿山生产安全，防止矿山事故，保护矿山职工人身安全，促进采矿业的发展，制定本法。"

2. 主要内容

（1）第一章 总则。

（2）第二章 矿山建设的安全保障。

（3）第三章 矿山开采的安全保障。

（4）第四章 矿山企业的安全管理。

（5）第五章 矿山安全监督和管理。

（6）第六章 矿山事故处理。

（7）第七章　法律责任。

（8）第八章　附则。

（四）《中华人民共和国职业病防治法》

《中华人民共和国职业病防治法》（以下简称《职业病防治法》）于2001年10月27日由第九届全国人民代表大会常务委员会第二十四次会议通过，根据2011年12月31日第十一届全国人民代表大会常务委员会第二十四次会议《关于修改〈中华人民共和国职业病防治法〉的决定》修正。这是我国颁布的第一部为预防、控制和消除职业病危害，防治职业病，保护劳动者健康及相关权益而制定的法律，是防治职业病、维护劳动者健康权益的重要法律依据。

1. 立法目的

《职业病防治法》的立法目的：为了预防、控制和消除职业病危害，防治职业病，保护劳动者健康及其相关权益，促进社会经济发展。

2. 主要内容

《职业病防治法》以控制职业病危害、保护劳动者健康权为主旨，进一步明确了用人单位在职业防护、劳动者健康方面的法定责任，并对职业病患者在医疗和生活保障方面的权利，以及违法者应承担的法律责任作了明确规定。

其他与煤矿安全生产相关的法律，如《刑法》《劳动法》《劳动合同法》《行政处罚法》《消防法》等，这些法律中涉及安全生产的相关规定，也是煤矿企业必须遵守的。

二、煤矿安全生产主要法规、规章

（一）《煤矿安全监察条例》

《煤矿安全监察条例》于2000年11月7日由国务院第296号令颁布，自2000年12月1日起施行。

1. 制定目的

制定《煤矿安全监察条例》的目的是：为了保障煤矿安全，规范煤矿安全监察工作，保护煤矿职工人身安全和健康，促进煤矿健康发展。

2. 煤矿安全监察工作方针

煤矿安全监察工作方针是：预防为主，及时发现和消除事故隐患，有效纠正影响煤矿安全的违法行为，实行安全监察与促进安全管理相结合，教育与惩处相结合。

3. 煤矿安全监察的主要内容

煤矿安全监察机构对煤矿执行《煤炭法》《矿山安全法》和其他有关煤矿安全的法律、法规以及国家安全标准、行业安全标准、《煤矿安全规程》和行业技术规范的情况实施监察。

4. 《煤矿安全监察条例》确立的法律制度

（1）煤矿安全监察员管理制度。

（2）煤矿建设工程安全设计审查和验收制度。

（3）煤矿安全生产监督检查制度。

（4）煤矿事故报告与调查处理制度。

（5）煤矿安全监察信息与档案管理制度。

（6）煤矿安全监察监督约束制度。

（7）煤矿安全监察行政处罚制度。

（二）《安全生产许可证条例》

《安全生产许可证条例》于 2004 年 1 月 13 日由国务院第 397 号令公布，自公布之日起施行。

1. 制定目的和适用范围

制定《安全生产许可证条例》的目的是：为了严格规范安全生产条件，进一步加强安全生产监督管理，防止和减少生产安全事故，确保安全生产。该条例适用于矿山企业、建筑施工企业和危险化学品、烟花爆竹、民用爆破器材生产企业。

2. 主要内容

该条例规定了相关企业实行安全生产许可制度，明确了国务院安全生产监督管理部门及省、自治区、直辖市的安全生产监督管理部门负责安全生产许可证的颁发和管理，企业取得安全生产许可证应当具有的安全生产条件，许可证的有效期为3年，以及违反该条例应承担的相应法律责任。

（三）《生产安全事故报告和调查处理条例》

《生产安全事故报告和调查处理条例》于2007年3月28日由国务院第172次常务会议通过，自2007年6月1日起施行。

1. 制定目的

制定该条例的目的是：规范生产安全事故的报告和调查处理，落实生产安全事故责任追究制度，防止和减少生产安全事故。

2. 条例体现的基本原则

（1）贯彻落实“四不放过”原则。“四不放过”原则是事故调查处理工作的根本要求，《生产安全事故报告和调查处理条例》规定的主要制度和措施都体现了这一原则。

（2）坚持“政府统一领导、分级负责”的原则。各级人民政府都负有加强对安全生产工作领导的职责，特别是地方各级人民政府对于本行政区域内的安全生产负总责。因此，生产安全事故报告和调查处理必须坚持政府统一领导、分级负责的原则。

（3）重在“完善程序，明确责任”的原则。规范生产安全事故的报告和调查处理，首先需要完善有关程序，为事故报告和调查处理工作提供明确的“操作规程”。同时，还必须明确政府及有关部门、事故发生单位及其主要负责人，以及其他单位和个人在事故报告和调查处理中所负的责任。

3. 事故等级划分

该条例将事故划分为特别重大事故、重大事故、较大事故和一般事故4个等级。

特别重大事故是指造成30人以上死亡，或者100人以上重伤，或者1亿元以上直接经济损失的事故。

重大事故是指造成10人以上30人以下死亡，或者50人以上100人以下重伤，或者5000万元以上1亿元以下直接经济损失的事故。

较大事故是指造成3人以上10人以下死亡，或者10人以上50人以下重伤，或者1000万元以上5000万元以下直接经济损失的事故。

一般事故是指造成3人以下死亡，或者10人以下重伤，或者1000万元以下直接经济损失的事故。其中，事故造成的急性工业中毒的人数，也属于重伤的范围。

（四）《国务院关于预防煤矿生产安全事故的特别规定》

《国务院关于预防煤矿生产安全事故的特别规定》于2005年9月3日由国务院令第446号公布，自公布之日起施行，共28条。

1. 制定目的

制定该规定的目的是：及时发现并排除煤矿安全生产隐患，落实煤矿安全生产责任，预防煤矿生产安全事故发生，保障职工的生命安全和煤矿安全生产。

2. 核心内容

该规定的核心内容：一是构建了预防煤矿生产安全事故的责任体系；二是明确了预防煤矿生产安全事故工作的程序和步骤；三是实现了预防煤矿生产安全事故的一系列制度保障。

3. 明确规定的煤矿15项重大隐患

（1）超能力、超强度或者超定员组织生产的。

（2）瓦斯超限作业的。

（3）煤与瓦斯突出矿井，未依照规定实施防突措施的。

（4）高瓦斯矿井未建立瓦斯抽放系统和监控系统，或者瓦斯监控系统不能正常运行的。

（5）通风系统不完善、不可靠的。

（6）有严重水患，未采取有效措施的。

(7) 超层越界开采的。

(8) 有冲击地压危险，未采取有效措施的。

(9) 自然发火严重，未采取有效措施的。

(10) 使用明令禁止使用或者淘汰的设备、工艺的。

(11) 年产6万t以上的煤矿没有双回路供电系统的。

(12) 新建煤矿边建设边生产，煤矿改扩建期间在改扩建的区域生产，或者在其他区域的生产超出安全设计规定的范围和规模的。

(13) 煤矿实行整体承包生产经营后，未重新取得安全生产许可证从事生产的，或者承包方再次转包的，以及煤矿将井下采掘工作面和井巷维修作业进行劳务承包的。

(14) 煤矿改制期间，未明确安全生产责任人和安全管理机构的，或者在完成改制后，未重新取得或者变更采矿许可证、安全生产许可证和营业执照的。

(15) 有其他重大安全生产隐患的。

煤矿有以上所列情形之一，仍然进行生产的，由县级以上地方人民政府负责煤矿安全生产监督管理的部门或者煤矿安全监察机构责令停产整顿，提出整顿的内容、时间等具体要求，处50万元以上200万元以下的罚款，对煤矿企业负责人处3万元以上15万元以下的罚款。

(五)《煤矿安全规程》

1. 性质

《煤矿安全规程》是煤矿安全法规群体中最重要的一部法规，它既具有安全管理的内容，又具有安全技术的内容。《煤矿安全规程》是煤炭工业贯彻执行党和国家安全生产方针和国家有关矿山安全法规在煤矿的具体规定，也是保障煤矿职工安全与健康，保证国家资源和财产不受损失，促进煤炭工业现代化建设必须遵循的准则。在我国从事煤炭生产和煤矿建设活动，必须遵守《煤矿安全规程》。因此，《煤矿安全规程》是煤炭工业主管部门制定的在煤矿安全生产管理，特别在煤矿安全生产技术上总的规定，是煤矿职工从事生产和指挥生产最重要的行为规范。

2. 特点

(1) 强制性。违反《煤矿安全规程》要视情节或后果给予经济和行政处分。对造成重大事故和严重后果者，要进一步按照有关法律和法规追究行政责任（行政处分和行政处罚）和刑事责任，由特定的行政机关和司法机关强制执行。

(2) 科学性。《煤矿安全规程》的每一条规定都是经验总结或血的教训，都是以科学试验为依据，科学和准确地对煤矿的各种行为作出了规定。

(3) 规范性。《煤矿安全规程》的每一条规定都是在煤矿特定条件下可以普遍适用的行为规则，明确规定了煤矿生产建设中哪些行为被禁止，哪些行为被允许。

(4) 稳定性。《煤矿安全规程》一旦颁布执行，不得随意修改，在一段时间内有相对的稳定性。经应用一段时间后，经过一定程序由国务院煤炭工业主管部门负责修改。

3. 作用

(1) 具体体现了国家对煤矿安全生产工作的要求，进一步调整了煤矿企业管理中人和人之间的关系。

(2) 正确反映了煤矿生产的客观规律，明确了煤矿安全技术标准，调整了煤炭生产中人和自然的关系。

(3) 同其他安全法规一样，它可以加强法制观念、限制违章、惩罚犯罪、确保安全。

(4) 有利于加强职工监督安全生产的权力，有利于发动群众，搞好安全生产。

(六)《防治煤与瓦斯突出规定》

《防治煤与瓦斯突出规定》于 2009 年 4 月 30 日由国家安全生产监督管理总局局长办公会议审议通过，自 2009 年 8 月 1 日起施行。

《防治煤与瓦斯突出规定》要求：防突工作坚持区域防突措施先行、局部防突措施补充的原则。突出矿井采掘工作做到不掘突出头、不采突出面。未按要求采取区域综合防突措施的，严禁进行采掘活动。区域防突工作应当做到多措并举、可保必保、应抽尽抽、效果达标。

（七）《煤矿防治水规定》

《煤矿防治水规定》于2009年8月17日由国家安全生产监督管理总局局长办公会议审议通过，自2009年12月1日起施行。

《煤矿防治水规定》要求：防治水工作应当坚持“预测预报、有疑必探、先探后掘、先治后采”的原则，采取“防、堵、疏、排、截”的综合治理措施。水文地质条件复杂和极复杂的矿井，在地面无法查明矿井水文地质条件和充水因素时，必须坚持有掘必探。

（八）《煤矿安全培训规定》

为了加强和规范煤矿安全培训工作，提高从业人员安全素质，防止和减少伤亡事故，《煤矿安全培训规定》于2012年5月3日由国家安全生产监督管理总局局长办公会议审议通过，自2012年7月1日起施行。

《煤矿安全培训规定》对从业人员准入条件、安全培训、考核发证和法律责任等都有更加明确的规定。主要内容有：

（1）煤矿企业不得安排未经安全培训合格的人员从事生产作业活动。

（2）安全培训机构应当对参加培训人员的基本条件进行审查；符合条件的，方可接受其参加培训。

（3）煤矿企业主要负责人、安全生产管理人员安全资格证在全国范围内有效。

（4）煤矿企业应当建立完善安全培训管理制度，配备专职或者兼职安全培训管理人员，按照国家规定的比例提取教育培训经费。其中，用于安全培训的资金不得低于教育培训经费总额的

40%。

（5）煤矿从业人员调整工作岗位或者离开本岗位1年以上（含1年）重新上岗前，应当重新接受安全培训；经培训合格后，方可上岗作业。

（6）煤矿首次采用新工艺、新技术、新材料或者使用新设备的，应当对相关岗位从业人员进行专门的安全培训；经培训合格后，方可上岗作业。

（7）煤矿应当建立井下作业人员实习制度，制定新招入矿的井下作业人员实习大纲和计划，安排有经验的职工带领新招入矿的井下作业人员进行实习。新招入矿的井下作业人员实习满4个月后，方可独立上岗作业。

（8）煤矿井下作业人员未进行安全培训的，责令限期改正，并按照规定对煤矿处以罚款；逾期未改正的，责令煤矿停产整顿，直至有关作业人员培训合格为止。

（9）煤矿发生1起较大生产安全责任事故或者1年内发生2起一般生产安全责任事故的，考核发证部门有权责令负有事故责任的矿长和安全生产管理人员参加复训；经复训考核合格的，方可重新上岗；经复训考核不合格的，应当暂停或者撤销其安全资格证。对发生重大、特别重大生产安全责任事故且负有主要责任的煤矿，应当撤销其主要负责人的资格证，且其主要负责人终身不得再取得煤矿企业主要负责人安全资格证，也不得再担任任何煤矿的矿长。

第四节 煤矿安全生产常见的违法行为及法律责任

一、煤矿安全生产常见的违法行为

煤矿安全生产常见的违法行为主要有20类，113种。

(1) 采掘工程类违法行为。例如擅自开采保安煤柱或采用危及相邻煤矿生产安全的危险方法进行采矿作业，超能力、超强度或超定员组织生产，超层越界开采等违法行为。

(2) “一通三防”类违法行为。例如瓦斯超限作业，煤与瓦斯突出矿井未依照规定实施防突措施，矿井通风系统不完善、不可靠等违法行为。

(3) 防治水类违法行为。例如有严重水患，未采取有效措施；井下采掘作业违反探放水规定等违法行为。

(4) 设施设备类违法行为。例如安全设备安装、使用不符合有关标准规定，使用不符合安全标准的设备、器材、防护用品和安全检测仪器等违法行为。

(5) 职业卫生类违法行为。例如职业病防治管理不符合规定，职业病危害项目监测和告知达不到规定要求等违法行为。

(6) 整顿关闭类违法行为。例如生产经营单位不具备安全生产条件，经停产整顿仍不具备安全生产条件；未取得相关证照，擅自从事生产等违法行为。

(7) 事故隐患类违法行为。例如重大危险源检测、评估、监控措施和应急预案不符合规定，对重大事故预兆或已发现的事故隐患不及时采取措施等违法行为。

(8) 事故报告和调查处理类违法行为。例如煤矿发生事故不按规定及时、如实报告，事故发生单位主要负责人不履行事故报告、抢救职责等违法行为。

(9) 应急救援类违法行为。例如煤矿企业在制定事故应急救援预案、设立应急救援组织、配备救援装备等方面不符合规定，矿井自救器配备不符合规定等违法行为。

(10) 违章作业类违法行为。例如生产经营单位违章指挥工人或强令工人违章、冒险作业，违反操作规程或安全管理规定作业等违法行为。

(11) 检查整改类违法行为。例如拒绝、阻碍安全监管和监察机构及其人员现场检查或隐瞒事故隐患等违法行为。

（12）劳动保护类违法行为。例如未按规定为从业人员提供符合国家或行业标准的劳动防护用品，使用不符合国家或行业安全标准的防护用品等违法行为。

（13）承包租赁类违法行为。例如将生产经营项目、场所、设备发包或出租给不具备安全生产条件或相应资质的单位或个人，两个以上生产经营单位未签订安全生产管理协议或未指定专职安全生产管理人员进行安全检查与协调等违法行为。

（14）警示标志类违法行为。例如安全警示标志不符合规定，安全设施、设备、工艺、矿用产品安全标志不符合规定等违法行为。

（15）评价与检测检验类违法行为。

（16）行政许可类违法行为。例如未取得安全生产许可证擅自从事相关活动，无证照或证照不全的煤矿从事生产等违法行为。

（17）组织机构、规章制度类违法行为。例如未按照规定设立安全生产管理机构或配备安全生产管理人员，未按国家规定带班下井，或下井登记档案虚假等违法行为。

（18）安全培训类违法行为。例如主要负责人和安全生产管理人员未按照规定经考核合格，未对职工进行安全教育、培训就分配职工上岗作业等违法行为。

（19）安全投入类违法行为。例如不按照规定保证安全生产所必需资金投入，未按照规定提取或使用安全技术措施专项费用等违法行为。

（20）其他类违法行为。

二、法律责任

法律责任是指行为人由于违法行为、违约行为或者根据法律规定而应承受的某种不利的法律后果，通常表现为违法者要受到相应的法律制裁。按照违法的性质、程度的不同，安全生产法律责任分为行政责任、民事责任和刑事责任。

1. 行政责任

行政责任是指违反有关行政管理的法律、法规的规定，但尚未构成犯罪的行为所依法应承担的法律后果。行政责任分为行政处分和行政处罚两类。《中华人民共和国行政处罚法》对行政处罚的种类和设定、管辖和适用、程序和执行等关键问题都有明确规定。

对单位或个人安全生产违法行为，行政处罚的种类有：警告，罚款，没收违法所得，没收非法财物，责令限期改正，责令停产停业，暂扣或吊销有关证照，行政拘留等法律法规规定的其他行政处罚。

对个人安全生产违法行为，行政处分的种类有：警告，记过，记大过，降级，撤职，开除留用察看，开除等。

2. 民事责任

民事责任是指民事法律关系的主体没有按照法律规定或合同约定履行自己的民事义务，或者侵犯了他人的合法权益，所应承担的法律后果。

承担民事责任的方式有：停止损害，排除妨碍，清除危险，返回财产，恢复原状，修理、更换，赔偿损失，支付违约金，消除影响、恢复名誉，赔礼道歉等。

以上10种方式可以单独使用，也可合并使用。安全生产违法行为所应承担的民事责任主要是赔偿损失。

3. 刑事责任

刑事责任是国家刑事法律中规定的犯罪行为所应当承担的法律后果。2006年6月29日，全国人大常委会完成了对《刑法》的新一轮修订。新修订的《刑法》加大了对安全生产犯罪行为的处理力度。根据《刑法》的规定，与安全生产有关的犯罪及刑事责任，主要有以下4种。

（1）重大责任事故罪：在生产、作业中违反有关安全管理的规定，因而发生重大伤亡事故或者造成其他严重后果的，处3年以下有期徒刑或者拘役，情节特别恶劣的，处3年以上7年以下有期徒刑。

（2）强令违章冒险作业罪：强令他人违章冒险作业，因而发生重大伤亡事故或者造成其他严重后果的，处5年以下有期徒刑或者拘役；情节特别恶劣的，处5年以上有期徒刑。

（3）重大劳动安全事故罪：安全生产设施或者安全生产条件不符合国家规定，因而发生重大伤亡事故或者造成其他严重后果的行为，对直接负责的主管人员和其他直接责任人员，处3年以下有期徒刑或者拘役；情节特别恶劣的，处3年以上7年以下有期徒刑。

（4）不报、谎报安全事故罪：在安全事故发生后，负有报告职责的人员不报或者谎报事故情况，贻误事故抢救，情节严重的，处3年以下有期徒刑或者拘役；情节特别严重的，处3年以上7年以下有期徒刑。

对在采矿许可证被依法暂扣期间擅自开采的处罚，视为《刑法》第343条第一款规定的未取得采矿许可证擅自采矿所犯的“破坏环境资源保护罪”。造成矿产资源破坏的，处3年以下有期徒刑、拘役或者管制，并处或者单处罚金；造成矿产资源严重破坏的，处3年以上7年以下有期徒刑，并处罚金。违反《矿产资源法》的规定，采取破坏性的开采方法开采矿产资源，造成矿产资源严重破坏的，处5年以下有期徒刑或者拘役，并处罚金。

对以暴力、威胁方法阻碍矿山安全生产监督管理的处罚，依照《刑法》第277条的规定，以妨害公务罪处罚，即以暴力、威胁方法阻碍国家机关工作人员依法执行职务的，处3年以下有期徒刑、拘役、管制或者罚金。

复习思考题

1. 煤矿安全生产方针的内容是什么？

2. 制定执行煤矿安全生产方针有何意义？

3. 贯彻煤矿安全生产方针的措施有哪些？

4.《安全生产法》立法的目的是什么？

5.《安全生产法》规定从业人员有哪些安全生产权利和义务？

6.《矿山安全法》立法的目的是什么？

7.《煤炭法》立法的目的是什么？

8.《煤矿安全监察条例》制定的目的是什么？

9. 安全生产违法行为行政处罚有哪些？

10.《国务院关于预防煤矿生产安全事故的特别规定》的核心内容是什么？

第二章 煤矿生产技术

第一节 矿井地质基础知识

矿井地质是煤矿生产建设的一项重要技术基础工作，矿井的一切采掘工程都必须以可靠的地质资料为依据，矿井地质工作被称作煤矿安全生产的“眼睛”和“尖兵”。

一、岩石与地层

人类的活动，大都是在地壳的表层进行的。组成地壳的是岩石，岩石由一些矿物颗粒组成，矿物由一种或多种元素组成。按生成方式，岩石可分为岩浆岩、沉积岩、变质岩三大类。

沉积岩是煤矿区最常见的岩石，煤是一种主要由植物遗体转变成的沉积岩，煤层上下的岩石绝大多数也是沉积岩。常见的沉积岩有砂岩、页岩和石灰岩等。煤矿的井巷工程大多布置在沉积岩内，并且直接关系到采掘生产。

岩石通常是层状的，泛称岩层。地层是地壳发展过程中所形成的岩层的总称，在整个地质时期，岩层是由老到新逐次形成的，某一地质年代形成的一套岩层，称为那个时代的地层。

岩层的空间产出状态，可由岩层面的走向、倾向和倾角反映出来，这三者称为岩层的产状要素（图 2－1）。

1. 走向

岩层的层面与水平面的交线，称为走向线。走向线是一条水平线，其两端的延伸方向，称为岩层走向。它表示倾斜岩层在水平面上的延展方向。

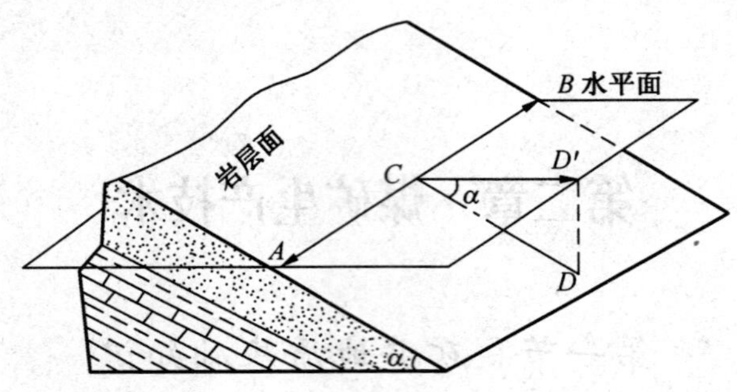

ACB—走向线；CD—倾斜线；CD′—倾向；α—倾角

图 2-1 岩层产状要素图

2. 倾向

在岩层面上，垂直于走向线沿层面倾斜向下所引的直线，称为岩层的倾斜线。倾斜线在水平面上的投影线所指岩层下倾一侧的方向，称为岩层的倾向。它反映了岩层的倾斜方向。

3. 倾角

岩层的倾斜线和它在水平面上投影线的夹角，称为岩层的倾角。它反映了岩层的倾斜程度。

二、煤层

1. 煤层厚度

煤层厚度是指煤层顶底板之间的垂直距离。根据煤层厚度对开采技术的影响，将煤层分为以下 3 类：

（1）薄煤层，煤层厚度小于 1.3 m。

（2）中厚煤层，煤层厚度为 1.3～3.5 m。

（3）厚煤层，煤层厚度为 3.5 m 以上。

在煤矿生产中，习惯将厚度大于 6 m 的煤层称为特厚煤层。

煤层厚度不同，开采方法也不同，煤层厚度发生变化，必然影响矿井的采掘工作。因此，煤层厚度变化是影响煤矿生产的重要因素之一。

2. 煤层倾角

煤层倾角是指煤层层面与水平面之间的夹角。根据煤层倾角对开采技术的影响，煤层分为4类：

（1）近水平煤层，倾角在8°以下。

（2）缓倾斜煤层，倾角为8°~25°。

（3）倾斜煤层，倾角为25°~45°。

（4）急倾斜煤层，倾角在45°以上。

一般情况下，煤层倾角越大，开采越困难。近水平煤层、缓倾斜煤层采下的煤需用机械装运；倾斜煤层可利用溜槽向下运输而不用动力；急倾斜煤层，煤块会自动滚落，简化了采场内的装运工作，但在技术上需采取安全措施。

3. 煤层顶底板岩石

直接位于煤层下面的岩层，称为煤层的底板；直接覆盖于煤层上面的岩层，称为煤层的顶板。由于沉积环境的差异，煤层顶底板岩石性质各不相同。常见的煤层顶底板岩石有炭质页岩、砂质页岩、砂岩、石灰岩和黏土岩。煤层顶底板岩石的性质、节理发育程度、强度、含水性、可塑性等，直接关系到煤矿的采掘生产，是确定巷道支护方式、工作面顶板控制方法的重要依据，同时还影响机械化采煤设备的选型。

三、地质构造

沉积岩层开始形成时，一般呈水平和连续完整状态，在地壳运动的作用下，产生了变形和变位，改变了原先的赋存状态，这种现象称为构造变动。由此而形成的岩层空间状态，叫作地质构造。构造变动形状主要分为两类：褶皱构造和断裂构造。

1. 褶皱构造

岩层受水平力的作用，被挤压成弯曲状，但仍保持岩层的连续性和完整性的构造形态，叫作褶皱（图2-2）。岩层褶皱构造中的每一个弯曲叫作褶曲。岩层层面凸起的褶曲叫作背斜，凹下的叫作向斜。

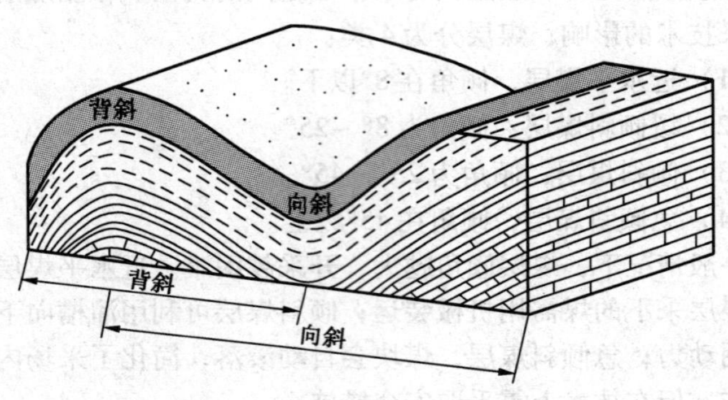

图 2-2 褶曲基本类型示意图

2. 断裂构造

岩层受力后遭到破坏，失去了连续性和完整性的构造形态，称为断裂构造。如断裂面两侧的岩层没有发生明显的相对位移，称作裂隙或节理；如断裂面两侧的岩层发生了明显的相对位移和错动，称作断层。

岩层断裂后，两个断块发生相互错动的错动面称作断层面。位于断层面上面的断块称为上盘，位于断层面下面的断块称为下盘。根据断块相对错动的方向，将断层分为正断层、逆断层和平推断层（图 2-3）。正断层为上盘相对下降，下盘相对上升；逆断层为上盘相对上升，下盘相对下降；平推断层为两盘沿着断层面在水平方向发生相对位移。在实际生产中遇到的主要是前两种。

断层往往成组发育而形成断层破碎带。地下采掘工作接近断层破碎带时，会突然产生大量涌水和有害气体，甚至造成重大灾害。因此，在较大的断层两侧必须留设一定宽度的煤柱，将断层

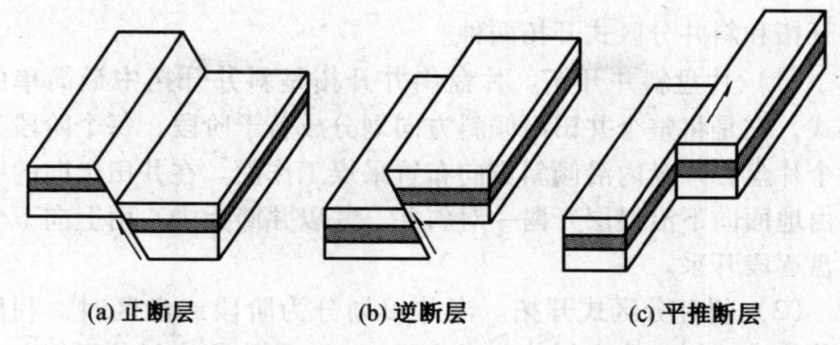

图2-3　按断层两盘相对位移方向划分的断层类型示意图

与开采区隔离。这样，较大断层常常被作为划分矿井或采区的边界。即使一般断层，采掘工作通过它时，有时也会发生涌水或顶板岩石突然垮落事故，使采掘工作复杂化。因此，断层对煤矿生产有较大的影响，在地质工作中必须特别注意查清断层的确切位置和产状。

第二节　矿井开拓

一、矿井开拓方式

在每个井田范围内，为了合理地把煤炭从地下开采出来，需从地面向井下开掘一系列通向煤体的井筒和巷道，称为矿井开拓。井筒的形式（立井、斜井、平硐）、开拓巷道的布置和矿井的通风运输方式，称作矿井开拓方式。通常以井筒形式为主要依据，将矿井开拓方式分为斜井开拓、立井开拓、平硐开拓和综合开拓。

1. 斜井开拓

斜井开拓是指主、副井均为斜井，并通过一系列巷道到达煤层的一种开拓方式。斜井开拓是目前常用的一种开拓方式。根据井筒位置和开拓巷道布置方式的不同，斜井开拓主要分为片盘斜井开拓和斜井分区式开拓两种。

（1）片盘斜井开拓。片盘斜井开拓是斜井开拓中最简单的形式，它是将整个井田沿倾斜方向划分成若干阶段，每个阶段为一个片盘，片盘内沿倾斜方向布置采煤工作面。在井田走向的中央由地面向下沿煤层开凿一对斜井，并以井筒为中心由上向下分片盘逐段开采。

（2）斜井分区式开拓。当井田划分为阶段或盘区时，利用斜井集中开拓，称为斜井分区式开拓，也称为集中斜井开拓。若井田划分为一个水平开采，称为斜井单水平分区式开拓；若井田划分为多个水平开采，称为斜井多水平分区式开拓。

2. 立井开拓

立井开拓是指主、副井均为立井，并通过一系列巷道到达煤层的一种开拓方式。通常主井用箕斗提升，副井用罐笼提升。我国煤矿多采用立井单水平开拓和立井多水平开拓。

（1）立井单水平开拓。立井单水平开拓是将井田沿倾斜方向划分为两个阶段，在两个阶段之间设置一个水平，为整个井田的两个阶段服务，在水平以上的阶段为上山阶段，在水平以下的阶段为下山阶段。

（2）立井多水平开拓。立井多水平开拓是利用两个或两个以上水平来开采整个井田。按开拓水平服务的阶段布置方式不同，可分为多水平上山开拓、多水平下山开拓和多水平混合式开拓。

3. 平硐开拓

平硐开拓是指利用水平巷道由地面直接进入岩体，通过一系列巷道到达开采煤层的开拓方式。平硐的布置取决于地形条件与煤层赋存状态。平硐沿煤层走向掘进的称为走向平硐；与走向斜交的称为斜交平硐；与走向垂直的称为垂直平硐。

4. 综合开拓

一般情况下，矿井开拓的主、副井都是用同一种井硐形式。

为充分发挥上述三种开拓方式的优点，可以采用其中的两种或三种方式来开拓一个井田，这种开拓方式称为综合开拓。综合开拓的方式是多种多样的，可能的组合方式有：平硐—立井、平硐—斜井、斜井—立井、立井—斜井—平硐等几种形式。

二、矿井巷道的分类

1. 按巷道在生产中的用途划分

矿井巷道按其作用和服务范围可分为开拓巷道、准备巷道和回采巷道三类。

1）开拓巷道

开拓巷道是为全矿井、一个开采水平或两个以上采区服务的巷道。矿井的开拓巷道的类型有以下几种：

（1）平硐。直接与地面相通的水平巷道。

（2）斜井。直接与地面相通的倾斜巷道。

（3）立井。直接与地面相通的直立巷道。

（4）井底车场。井下主要运输巷道和井筒连接处的一组巷道和硐室的总称。

（5）石门。穿过各岩层掘进的并与煤层走向垂直或斜交的水平巷道。

（6）主要运输及回风大巷：沿走向掘进，供全矿井或某一个水平运输、回风用的水平巷道，多数开掘在岩层内，也可开掘在煤层内。

2）准备巷道

准备巷道是为一个采区服务的巷道，主要有以下几种类型：

（1）采区上山。在运输大巷向上沿煤、岩层开凿的倾斜巷道。按用途和装备分为输送机上山、轨道上山、通风上山和人行上山等。

（2）采区下山。在运输大巷向下沿煤、岩层开凿的倾斜巷道。按用途和装备分为输送机下山、轨道下山、通风下山和人行下山等。

(3) 联络巷。贯通大巷和顺槽或贯通两个顺槽的巷道。

(4) 溜煤眼。溜煤小井、采区煤仓。

3) 回采巷道

回采巷道是为一个采煤工作面服务的巷道，主要有以下几种：

(1) 回风巷道。一般指供采煤工作面回风和运煤用的巷道。

(2) 进风巷道。一般指供采煤工作面进风和运料用的巷道。

(3) 开切眼。为布置采面设备、形成生产系统而掘出的贯通回风与进风的巷道。

各种巷道的位置关系如图 2-4 所示。

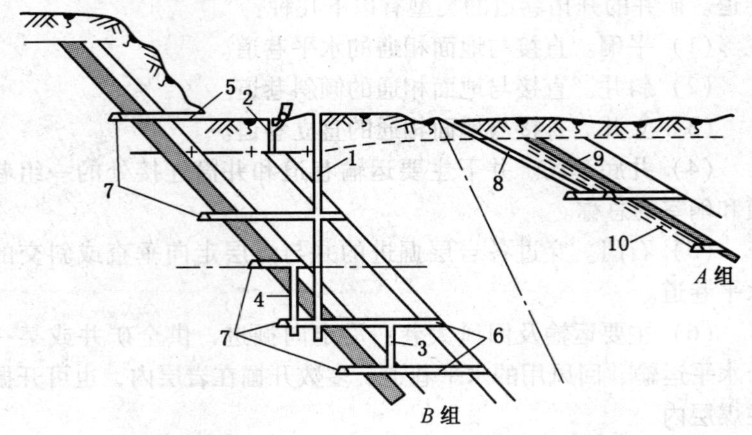

1—立井；2—小立风井；3—暗立井；4—溜井；5—平硐；
6—石门；7—平巷；8—斜井；9—上山；10—下山

图 2-4 矿井各种巷道的位置关系示意图

2. 按巷道的空间形态划分

(1) 垂直巷道。垂直巷道主要有立井、暗立井、溜井等。

(2) 水平巷道。水平巷道主要有平硐、平巷、石门、煤门等。

（3）倾斜巷道。倾斜巷道主要有斜井、暗斜井、上山、下山等。

第三节　矿山压力与控制

一、基本概念

1. 矿山压力

地下岩体在开挖以前，自重引起的应力（通常称为原岩应力）处于平衡状态。当开掘巷道或进行回采工作时，破坏了原来的应力平衡状态，岩体内部的应力便会重新分布。它表现为巷硐周围煤岩体产生位移、变形甚至破坏，直到煤岩体内部重新形成一个新的应力平衡状态为止。在此过程中，巷硐本身或安设在其中的支护物会受到各种力的作用。这种由于在地下煤岩中进行采掘活动而在井巷、硐室及采煤工作面周围煤岩体中和其中的支护物上所施加的力，就称作矿山压力。

2. 矿山压力显现

在矿山压力的作用下，会引起各种力学现象，如顶板下沉、底板鼓起、巷道变形后断面缩小、岩体破坏散离甚至大面积垮落、煤被压松产生片帮或突然抛出、支架严重变形或损坏、充填物受到压缩、大量岩层移动，以及地表发生塌陷等。这些由于矿山压力作用，使围岩、煤体和各种人工支撑物产生的各种力学现象，统称为矿山压力显现，简称为矿压显现。

3. 支承压力

煤层或岩层采动后，原岩应力平衡状态受到破坏，围岩的各类应力都将发生变化，这种变化称为应力的重新分布。应力分布的范围是采动空间的周围岩体。应力的重新分布则形成了比原岩应力高的应力区，即支承压力区。支承压力是指由于采矿活动导致围岩应力重新分布在附近煤岩体、煤柱、充填物或垮落矸石上的比原岩应力高的应力。一般支承压力为原始应力的1.25~2.5倍。

4. 冲击地压

煤矿冲击地压是矿井巷道和采场周围煤岩体由于变形能的释放而产生的以突然、急剧、猛烈破坏为特征的矿山压力动力现象。

通常情况下，冲击地压直接将煤岩动力抛向巷道，引起岩体的强烈震动，产生巨大声响，造成岩体的破断和裂缝扩展。因此，冲击地压主要有突发性、瞬时震动性、巨大破坏性、复杂性的显现特征。

5. 矿山压力控制

在大多数情况下，矿压显现会给地下开采工作造成不同程度的危害。为使矿压显现不影响正常开采工作和保证生产安全，必须采取各种技术措施加以控制，包括对巷道及回采工作空间进行支护，对软弱或破碎的煤岩进行加固，用各种方法使巷道或回采工作空间得到卸压，对采空区进行充填，或用人为的方法使采空区顶板按预定要求垮落等。此外，人们对矿山压力的控制不仅在于消除和减轻矿山压力对开采工作造成的危害，还包括有效利用矿压的自然能量为开采工作服务。例如，依靠矿压的作用压松煤体以减轻落煤工作，借助采空区上覆岩层压力压实已垮落的矸石以形成自然再生顶板等。所有这些人为地调节、改变和利用矿山压力作用的各种措施，称作矿山压力控制。

二、煤层顶底板

煤层顶底板是指煤系地层中位于煤层上下一定距离内的岩层。按照沉积的顺序，在正常情况下，位于煤层之下的岩层是底板；位于煤层之上的岩层是顶板。

根据顶底板岩层与煤层相对的位置、垮落性能和强度等特征的不同，从上至下，顶板可划分为伪顶、直接顶、基本顶，底板可分为直接底和基本底。但是，不是每个煤层的顶底板都具有完整的这 5 个部分组成的岩层，可能缺失某一个或几个部分的岩层。

1. 伪顶

伪顶是指紧贴煤层之上，厚度一般为 0.3～0.5 m 的较薄极易垮落的软弱岩层，随采随落，多由页岩、炭质岩组成。

2. 直接顶

直接顶是直接位于伪顶或煤层（如无伪顶）之上，具有一定稳定性的岩层，厚度一般可达几米，多由泥岩、页岩、粉砂岩等较易垮落的岩石组成，常随支架的回撤或移架而垮落。直接顶按稳定性可分为不稳定顶板、中等稳定顶板、稳定顶板、非常稳定顶板。

3. 基本顶

基本顶是位于直接顶之上或煤层（如无直接顶和伪顶）之上的厚而坚硬的岩层。一般在采空区悬露相当面积后才垮落，常由砂岩、石灰岩等坚硬岩石组成。基本顶可分为坚硬难冒顶板、破碎顶板和复合型顶板。

4. 直接底

直接底是直接位于煤层之下的硬度较低的岩层,厚度一般为几十厘米至几米,通常为页岩、泥岩或黏土岩。由于黏土岩遇水易膨胀,当直接底为黏土岩时,可造成底鼓与支架插底的现象,轻者给巷道运输与工作面支护带来困难,重者可使巷道遭受严重破坏。

5. 基本底

基本底是位于直接底下面或煤层之下（如无直接底）的比较坚硬的岩层，多为砂岩、石灰岩等。

三、工作面顶板来压

1. 直接顶初次垮落

煤层开采后，首先引起直接顶垮落。当采煤工作面从开切眼开始向前推进时，直接顶悬露面积逐渐增大，在自重和上覆岩层的作用下，当达到其极限垮距时开始垮落。直接顶的第一次大面积垮落称为直接顶初次垮落。

初次垮落步距为工作面支架切顶线与开切眼之间的距离。其步距的大小由直接顶岩层的强度、分层厚度、直接顶内节理裂隙的发育程度所决定，它是直接顶稳定性的一个综合指标，直接顶初次垮落示意图如图2－5 所示。

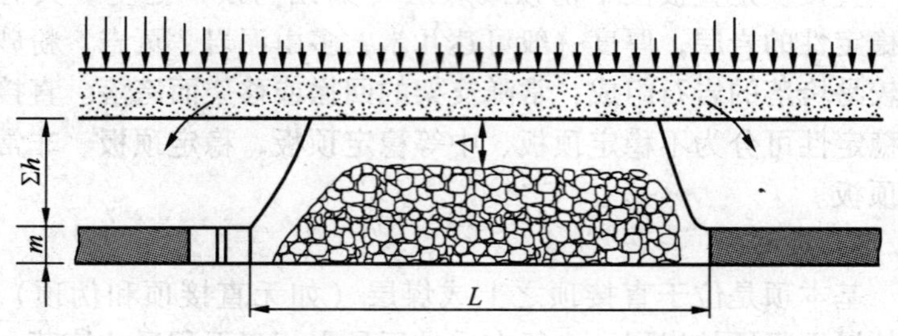

Σh—直接顶总厚度；m—煤层厚度；Δ—间隙；L—直接顶初次垮落步距

图2－5　直接顶初次垮落示意图

2. 基本顶初次来压

直接顶初次垮落后，随着工作面继续推进，基本顶也逐渐离层并弯曲下沉。当基本顶悬露长度和面积增加到岩层的自重及上覆岩层的作用力超过它本体的强度时，基本顶就会发生断裂而垮落。基本顶第一次发生断裂下沉引起工作面压力增大的现象叫作基本顶的初次来压。由于基本顶第一次运动来压面积大，强度高，并有可能伴随发生冲击地压，会给采煤工作面带来较大威胁。基本顶初次来压时，工作面距开切眼煤壁的距离称作初次来压步距。基本顶初次来压示意图如图 2－6 所示。

初次来压一般要持续 1～3 d。由于基本顶初次来压对工作面的影响较大，因此必须掌握初次来压步距的大小，以便及时采取

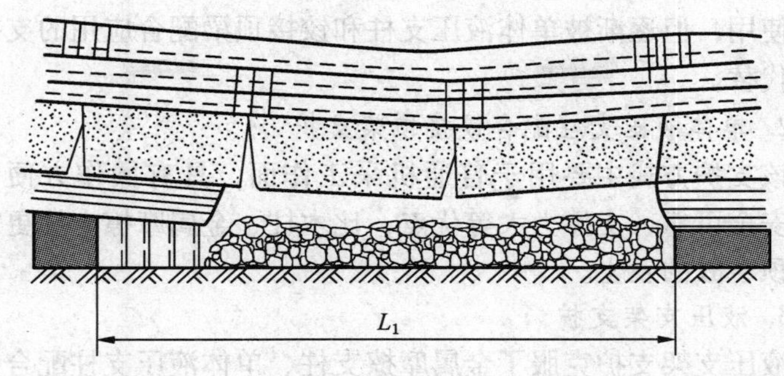

L_1—初次来压步距

图 2-6　基本顶初次来压示意图

对策。在来压期间，必须加大支架的支撑力，尤其要加强支架的稳定性。

3. 基本顶周期来压

随着采煤工作面的继续推进，在基本顶初次来压以后，裂隙带岩层形成的结构将始终经历“稳定—失稳—再稳定”的变化，这种变化将呈现周而复始的过程。由于结构的失稳导致了工作面顶板的来压，这种来压也将随着工作面的推进而周期性出现。因此，由于裂隙带岩层周期性失稳而引起的顶板来压现象称为工作面顶板的周期来压。基本顶相邻两次周期来压期间工作面的推进距离称为周期来压步距。

四、顶板支护方式

（一）采煤工作面顶板支护方式

采煤工作面的支护是控制矿山压力及顶板下沉、防止冒顶事故的一项根本措施。常见的支护方式主要有金属摩擦支柱配合铰接顶梁支护、单体液压支柱配合铰接顶梁支护、液压支架支护三种。

1. 金属摩擦支柱配合铰接顶梁支护

该支护方式主要应用于炮采及普通机采工作面，目前在我国普遍使用，但逐渐被单体液压支柱和铰接顶梁配合应用的支护方式所代替。

2. 单体液压支柱配合铰接顶梁支护

该支护方式主要用于普通机采工作面，具有操作方便、省力、安全可靠、支撑力大等优点，比木柱、金属摩擦支柱更能减少冒顶事故的发生。

3. 液压支架支护

液压支架支护克服了金属摩擦支柱、单体液压支柱配合铰接顶梁支护时的手工操作、劳动强度大、工序多、支回柱速度慢、效率低、安全性状况差等缺点，具有支护性能好、强度高、移设速度快、安全可靠等优点，与可弯曲刮板输送机和采煤机配合，组成综合机械化采煤工作面。

液压支架按其与围岩的相互作用关系一般可分为三类，即支撑式液压支架、掩护式液压支架和支撑掩护式液压支架。

（1）支撑式液压支架。这种液压支架是最早的一种类型，应用仍较广泛。按其构造与动作不同可分为垛式液压支架和节式液压支架两种。垛式液压支架的外形和作用好像木垛一样，故称为垛式液压支架。垛式液压支架的工作阻力大，侧向稳定性和切顶性能好，工作空间较大，易满足通风要求。但由于顶梁比较宽长，移架时顶板悬露面积大，在直接顶破碎的条件下使用困难。

（2）掩护式液压支架。这种支架的顶梁较短，掩护梁较长，其上下端分别与顶梁和底座铰接，而立柱一般是支撑在掩护梁与底座之间承受掩护梁上的矸石，故称为掩护式液压支架。这种支架的防护性能较好，尤其是在破碎顶板情况下更为突出。但也有支撑力较小、切顶性能较差、工作空间较小，不利于操作和通风的缺点。

（3）支撑掩护式液压支架。它是支撑式和掩护式的组合型支架，以支撑为主，同时又有掩护作用，故称为支撑掩护式液压支架。这种支架兼有以上两种支架的优点，适应性较宽，近年来获得广泛应用。另外，在放顶煤开采中，由于工艺的要求也多使用这种支架。

（二）巷道支护方式

巷道支护是保证巷道围岩稳定，防止出现围岩垮落或产生过大变形的根本措施。巷道支护形式主要有架棚支护、喷射混凝土支护、锚杆支护、锚杆联合支护、砌碹支护等。

1. 架棚支护

架棚支护包括木支架、金属支架等形式。

木支架一般采用梯形支护形式。一般用于地压不大、巷道服务年限不长、巷道断面较小的采区巷道，也可作为巷道支护的临时支架。由于该支护形式存在强度低、容易腐朽、木材消耗大等缺点，目前已很少使用。

金属支架主要形式有梯形金属支架、拱形可缩性金属支架。

梯形金属支架主要采用工字钢制作，是木支架的替代品。这种支架常用于回采巷道，在断面较大、地压较严重的其他巷道也可采用。

2. 喷射混凝土支护

喷射混凝土支护是以压缩空气为动力，用喷射机将细骨料混凝土喷射到巷道岩面而凝结硬化后形成混凝土结构的支护形式。该支护方式可单独使用，也可与锚杆、预应力锚杆（索）联合使用。单独使用时主要起封闭围岩，防止岩面风化的作用；联合使用时主要起防止围岩风化，防止围岩松脱垮落，对锚杆间的表面岩石起支护作用。

3. 锚杆支护

锚杆采用金属或其他高抗性能的材料制作。锚杆的种类很多，主要有木锚杆、竹锚杆、树脂锚杆、管缝式锚杆、内注式注浆锚杆等。锚杆支护以其良好的支护性能，已成为取代棚式支架的一种较好的支护方式，是巷道支护技术的主要发展方向。

4. 锚杆联合支护

锚杆联合支护是由锚杆与钢带（钢筋梯）、金属网、锚索、喷射混凝土等材料组合而成的联合支护形式。根据使用材料不同，可分为锚喷支护、锚网支护、锚网喷支护、锚带网支护、锚带索支护等多种形式。

5. 砌碹支护

砌碹支护是指用料石、混凝土或钢筋混凝土砌筑成的整体式支护。这种支护的主要形式是直墙拱顶式，它由基础、墙和拱三部分组成。

五、采空区顶板处理

随着采煤工作面向前推进，顶板悬露面积不断增加，工作面压力也逐渐增大。为了使采煤工作面正常生产，必须对采空区悬露的顶板及时进行处理。采空区的处理方法主要根据顶板岩层性质、岩层厚度和开采煤层的厚度等因素选择。我国大部分矿区采用全部垮落法，少数采用缓慢下沉法、煤柱支撑法及采空区充填法。采空区处理形式如图 2－7 所示。

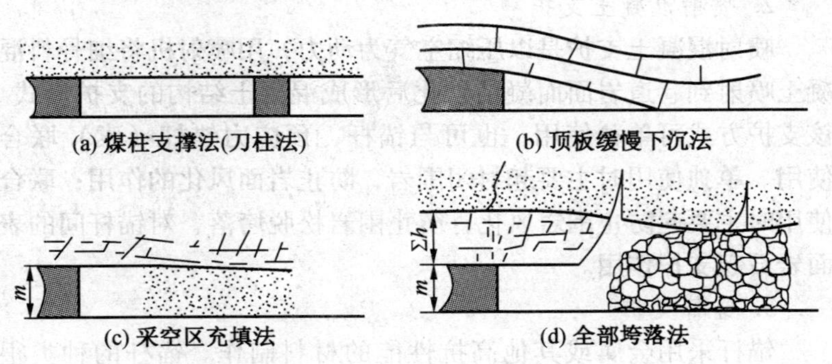

图 2－7　采空区处理形式

1. 全部垮落法

全部垮落法主要适用于松软、容易垮落的顶板，近年来在坚硬顶板中也有应用。这种方法是随着工作面向前推进，有计划地回撤切顶线以外的支柱，使直接顶自行垮落，以减少直接顶悬梁长度，同时垮落的岩石充填采空区后，又能支撑基本顶，从而大大减轻工作面的压力，保证安全生产。放顶步距应根据顶板岩层的性质来确定，放顶步距过大，工作面的压力将会增加；放顶步距过小，顶板不垮落，不但不能减轻工作面压力，而且增加放顶工作量。通常，工作面每推进 1 ~ 2 m 就放顶一次。当顶板岩石坚硬时，回柱后顶板不能自行垮落，在采空区形成大面积悬露顶板，对工作面的安全威胁很大，必须采取强制放顶的措施。强制放顶即利用大直径深孔爆破的办法，强制使采空区顶板垮落，这是扩大全部垮落法应用范围的一项有效技术措施。

2. 缓慢下沉法

这种方法是利用塑性顶板弯曲下沉直至与底板接触来维护采空区。这种方法适用于薄煤层，尤其是底板具有底鼓性质的采空区更为适宜。

3. 煤柱支撑法

这种方法是每当工作面推进一定距离后，留下适当宽度的煤柱来支撑顶板或切断顶板，在煤柱的另一侧重开开切眼进行回采。煤柱的宽度和间距根据顶板岩性和煤质软硬确定，一般宽度为4 ~ 6 m，间距为 40 ~ 60 m。这种方法主要适用于煤层顶板非常坚硬难垮的岩层（如砾岩、厚层砂岩顶板）。

4. 采空区充填法

采空区充填法是利用人工或机械的方法将充填料充入采空区，并将其填满，以支撑和控制上覆岩层的方法。此方法又可分为全部充填法和部分充填法两种，前者是用充填料将采空区已采空间全部填满；后者仅用充填料将采空区部分空间填满，使剩余空间顶板不再垮落。它主要适用于开采特厚煤层及河下、铁路下、建筑物下采煤。

第四节 采煤方法

根据不同的矿山地质及技术条件，可有不同的采煤系统与采煤工艺相配合，从而构成多种多样的采煤方法。采煤方法就是采煤系统与采煤工艺的综合及其在时间和空间上的相互配合。采煤方法主要有壁式体系采煤法和柱式体系采煤法两种，我国大多数煤矿采用壁式体系采煤法。

一、壁式体系采煤法

壁式体系采煤法是指采煤工作面长度较长(一般为 80 ~ 250 m)，工作面两端各有一条巷道，用于通风及运输，采落的煤炭沿平行于煤壁的方向运出工作面，随着采煤工作面推进，及时和有计划地处理采空区的采煤方法。

由于煤层厚度及倾角的不同，开采技术和采煤方法会有所区别。对于薄及中厚煤层，一般都是按煤层全厚一次采出，即整层开采；对于厚煤层，可把它分为若干中等厚度（2 ~ 3 m）的分层进行开采，即分层开采，也可采用放顶煤整层开采。无论是整层开采还是分层开采，依据不同倾角，按采煤工作面推进方向，又可分为走向长壁开采和倾斜长壁开采两种类型。

（一）薄及中厚煤层单一长壁采煤方法

图 2 – 8a 为单一走向长壁垮落采煤法示意图。“单一”表示整层开采；“垮落”表示采空区处理是采用垮落的方法。由于绝大多数单一长壁采煤法均用垮落法处理采空区，故一般可简称为单一走向长壁采煤法。首先将采（盘）区划分为区段，在区段内布置回采巷道（区段平巷、开切眼），采煤工作面呈倾斜布置，沿走向推进，上下回采巷道基本上是水平的，且与采（盘）区上山相连。

对于倾斜长壁采煤法，首先将井田或阶段划分为带区及分带，

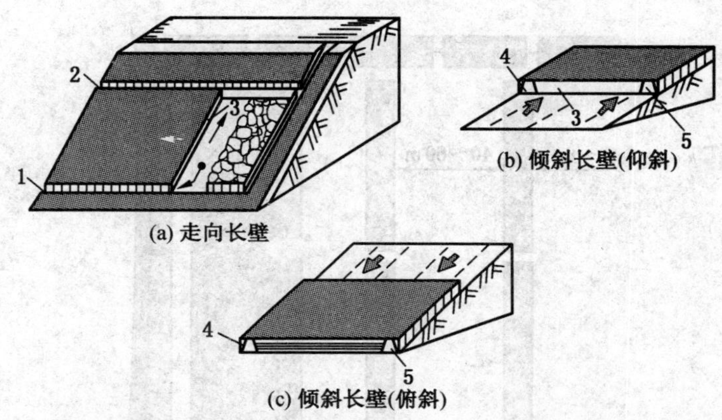

1、2—区段运输和回风平巷；3—采煤工作面；4、5—分带运输和回风斜巷

图 2-8　单一长壁垮落采煤法示意图

在分带内布置回采巷道（分带斜巷、开切眼），采煤工作面呈水平布置，沿倾向推进，两侧的回采巷道是倾斜的，并通过联络巷直接与大巷相连。采煤工作面向上推进称为仰斜长壁（图 2-8b）；向下推进称为俯斜长壁（图 2-8c）。为了便于顺利开采，煤层倾角不宜超过 12°。

当煤层顶板极其坚硬时，若采用强制放顶（或注水软化顶板）垮落法处理采空区有困难，可采用煤柱支撑法（刀柱法），称为单一长壁刀柱式采煤法（图 2-9）。采煤工作面每推进一定距离，留下一定宽度的煤柱（即刀柱）支撑顶板。但工作面搬迁频繁，不利于机械化采煤，资源的采出率较低，是在特定条件下使用的一种采煤方法。

当开采急倾斜煤层时，为了便于生产和安全，工作面可俯伪斜布置，仍沿走向推进，则称为单一伪斜走向长壁采煤法。另外，近十年来在缓斜厚煤层（<5 m）中成功采用大采高一次采全厚的采煤法，也属于单一长壁采煤法。

单一长壁采煤法是我国最为普遍采用的一种采煤方法，其产量占国有重点煤矿产量的 60% 左右。

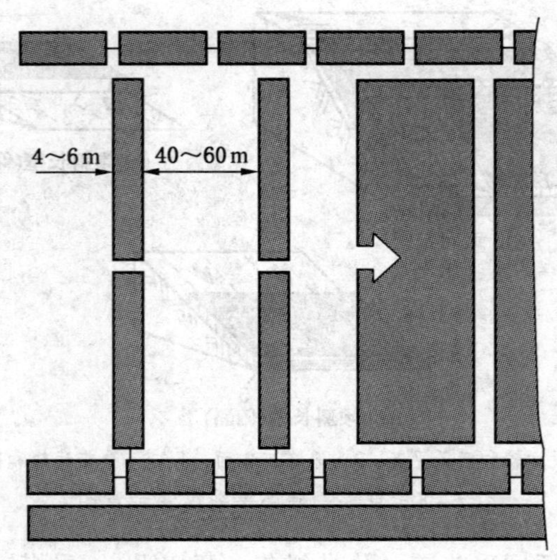

图2-9 单一长壁刀柱式采煤法示意图

(二) 厚煤层分层开采的采煤方法

开采厚煤层及特厚煤层时，采用整层采煤法开采会遇到困难，在技术上较复杂。煤层厚度超过5 m时，采场空间支护技术和装备目前尚没得到合理解决。因此，为了克服整层开采的困难，可把厚煤层分为若干中等厚度的分层来开采。根据煤层赋存条件及开采技术不同，分层采煤法又可以分为倾斜分层、水平分层、斜切分层三种。厚煤层开采分层方法具体如图2-10所示。

(1) 倾斜分层：将煤层划分成若干个与煤层层面相平行的分层（图2-10a)，工作面沿走向或倾向推进。

(2) 水平分层：将煤层划分成若干个与水平面相平行的分层（图2-10b)，工作面一般沿走向推进。

(3) 斜切分层：将煤层划分成若干个与水平面成一定角度的分层（图2-10c)，工作面沿走向推进。

各分层的回采有下行式和上行式两种顺序。先采上部分层，

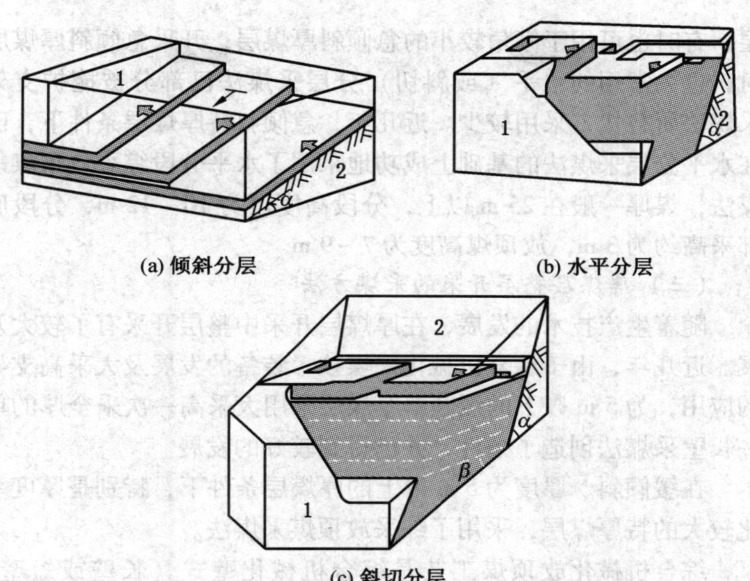

(a) 倾斜分层 (b) 水平分层

(c) 斜切分层

1—顶板；2—底板；α—煤层倾角；β—分层与水平夹角

图 2-10 厚煤层开采分层方法

然后依次回采下部分层的方式称为下行式；先回采最下分层，然后依次回采上部分层的方式称为上行式。

当采用下行式回采顺序时，可采用垮落或充填法来处理采空区；当采用上行式回采顺序时，则一般采用充填法。

不同的分层方法、回采顺序以及采空区处理方法的综合应用，可以演变出各种分层采煤方法。但是，在实际工作中一般采用的采煤方法主要有以下三种：①倾斜分层下行垮落采煤法；②倾斜分层上行充填采煤法；③水平或斜切分层下行垮落采煤法。

分层采煤法是当前我国在厚煤层开采中主要采用的采煤方法，最常用的是倾斜分层。工作面顶板控制主要采用垮落法，充填法采用较少。分层方法多用于开采缓倾斜、倾斜厚及特厚煤层，有时也可用于倾角较小的急倾斜厚煤层；开采急倾斜厚煤层时，过去常用的水平（或斜切）分层采煤法已部分被掩护支架采煤法所替代，采用较少。近几年，急倾斜特厚煤层条件下，已在水平分层采煤法的基础上成功地采用了水平分段综采放顶煤采煤法，煤厚一般在 25 m 以上，分段高度可为 10 ~ 12 m，分段底部采高约为 3 m，放顶煤高度为 7 ~9 m。

（三）厚煤层整层开采的采煤方法

随着生产技术的发展，在厚煤层开采中整层开采有了较大发展。近几年，由于综合机械化采煤技术装备的发展及大采高支架的应用，为 5 m 以下的缓倾斜厚煤层采用大采高一次采全厚的单一长壁采煤法创造了条件，并已得到较好的发展。

在缓倾斜、厚度为 5 m 以上的厚煤层条件下，特别是厚度变化较大的特厚煤层，采用了综采放顶煤采煤法。

综合机械化放顶煤工艺是综合机械化壁式（长壁或短壁）采煤工艺与放顶煤工艺有机结合的综合采煤技术，是厚煤层采煤方法的新发展。其实质是首先沿煤层（或分段）底部采出一个分层厚度，分层上方的顶煤靠矿山压力的作用破碎成散体状态，然后靠重力落煤，通过支架放煤口放出，人为控制顶煤开采的一种采煤方法。其工艺流程为采煤机割煤→拉移支架→推移前部刮板输送机→放煤→拉移后部刮板输送机，放出的顶煤经过后部刮板输送机运出工作面。综采放顶煤采煤法主要有以下几类：

（1）预采顶分层放顶煤采煤法。其方法为沿煤层顶板布置一个长壁工作面进行预采。在采煤过程中，沿底板铺设金属网。相隔一段距离和时间后，再沿底板布置一个综采放顶煤工作面进行开采，并将上下工作面之间的煤层放落，利用放顶煤工作面后部输送机将放落的煤运出。该方法适用于特厚煤层开采。

（2）预采中分层放顶煤采煤法（图 2 – 11）。该方法适用于特厚煤层开采。采用这种方法时，先在距煤层底板约 3 m 处布置一个工作面进行预采，然后再沿底板布置一个放顶煤工作面，采出沿底板的煤层并回收采空区破碎的顶煤。这种方法易于回收顶煤，适用于特厚煤层开采。由于顶煤预先受到破坏，对易于自然发火煤层，容易导致采空区煤的自燃，且放顶煤时煤尘较大，采用较少。

（3）整层开采放顶煤采煤法（图 2－12）。沿底板布置一个放顶工作面，一次回收完顶煤。

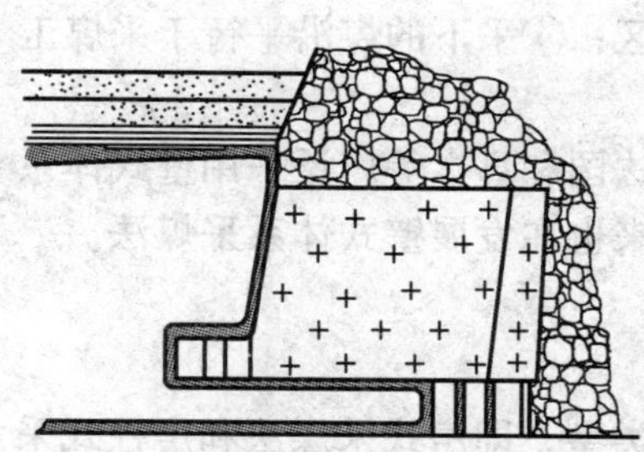

图2－11 预采中分层放顶煤采煤法

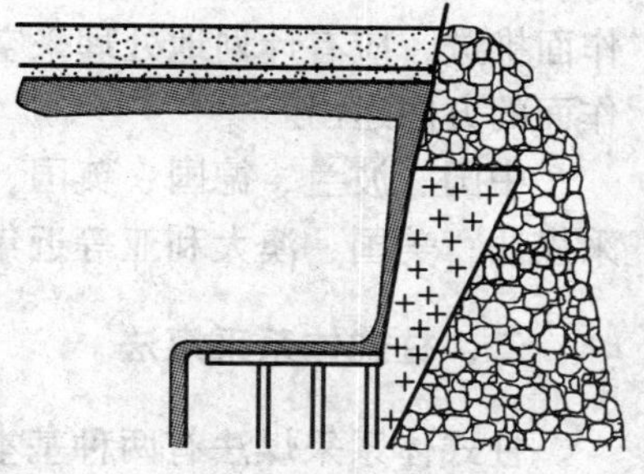

图2－12 整层开采放顶煤采煤法

（4）分段放顶煤采煤法（图 2－13）。当煤层厚度超过 20 m 乃至几十米甚至上百米时，可以将煤层分为 10～12 m 若干段。上下分段前后保持一定距离，同时采两个分段，或者逐段下行采煤。这种方法适用于特厚煤层开采。

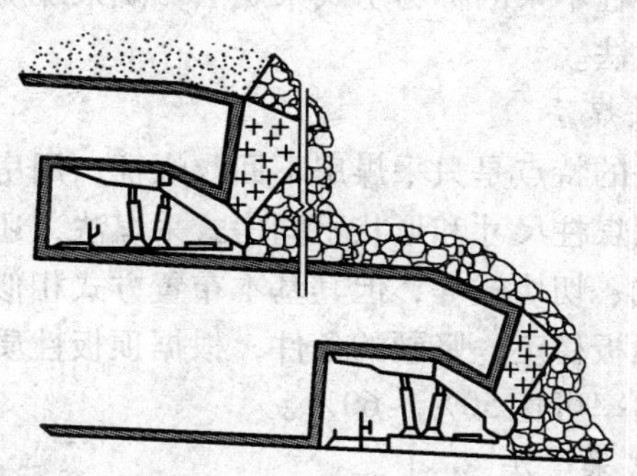

图 2－13 分段放顶煤采煤法

从总的情况来看,目前厚煤层整层开采所占比重比分层开采小。

壁式体系采煤法为机械化采煤创造了条件。按工艺方式不同，长壁工作面可有综合机械化采煤、普通机械化采煤和爆破采煤三种。壁式体系采煤法一般具有以下主要特点：①通常具有较长的采煤工作面长度，我国采煤工作面长度一般为 120 ~ 180 m，但也有较短的（80 ~ 120 m），或更长的（180 ~ 250 m）；②在采煤工作面两端至少各有一条巷道，用于通风和运输；③随采煤工作面推进，应有计划地处理采空区；④采下的煤沿平行于采煤工作面的方向运出。

中国、波兰、德国、英国、法国和日本等广泛采用壁式体系采煤法；美国、澳大利亚等近年来也在发展壁式体系采煤法。

二、柱式体系采煤法

柱式体系采煤法有两种基本类型，即房式采煤法和房柱式采煤法。根据地质和技术条件的不同，每类采煤法又有很多变化。

柱式体系采煤法的实质是在煤层内开掘一系列宽为 5 ~ 7 m 的煤房，煤房之间用联络巷相连，形成近似于长条形或块状的煤柱，煤柱宽度为数米至二十多米不等。采煤在煤房中进行，煤柱可根据条件留下不采，或在煤房采完后，再将煤柱按要求尽可能采出。留下煤柱不采的称为房式采煤法，既采煤房又采煤柱的称为房柱式采煤法。

1. 房式采煤法

这种方法的特点是只采煤房不回收煤柱，用房间煤柱支承上覆岩层。根据煤柱尺寸和形状不同房式采煤法，还可分为多种形式，如长条式、切块式等，但其基本布置方式相似。房式采煤法主要适用于顶板稳定、坚硬的条件，根据顶板性质来确定房和柱的尺寸，采出率可达 50% ~60% 。

2. 房柱式采煤法

这种方法的特点是房间留设不同形状的煤柱，采完煤房后有计划地回收这些煤柱。图 2－14 为切块式房柱式采煤法。该方法通常把 4～5 个以上煤房组成一组同时掘进，煤房宽 5～6 m，煤房中心距为 20～30 m，每隔一定距离用联络巷贯通，形成方块或矩形煤柱。煤房掘进到预定长度后，即可回收煤柱。

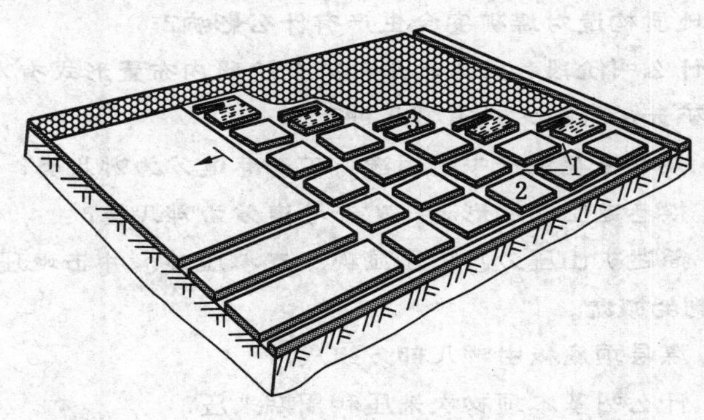

1—煤房；2—煤柱；3—采柱

图 2－14　切块式房柱式采煤法示意图

柱式体系采煤法在美国、澳大利亚、加拿大、印度和南非等广泛应用。目前在美国的地下开采中，这种采煤方法的产量约占 50%。澳大利亚使用房柱式采煤法所占的比重也较大。我国有一部分煤田的地质条件较适合采用柱式体系采煤法，特别在平硐开拓的中小型矿井中，应用较为有利。一些矿井基于“三下”严重压煤的实际情况，如条件适宜，可以采用柱式采煤法。但采用柱式体系采煤法，必须解决相应的配套设备并改进巷道布置，尽量提高采出率。

复习思考题

1. 煤层顶板通常由哪几部分组成？各部分有何特征？
2. 煤层的形态分为哪几种？各有何特征？

3. 什么是煤层的走向、倾向、倾角?

4. 褶曲有哪两种基本形态? 各有何特征?

5. 什么叫断裂构造? 它有哪几种类型?

6. 断层要素有哪些?

7. 地质构造对煤矿安全生产有什么影响?

8. 什么叫阶段和开采水平? 矿井阶段内布置形式有哪几种?

9. 矿井的开拓方式有哪几种?

10. 按巷道在生产中的用途,矿井巷道分为哪几类?

11. 按巷道空间的形态,矿井巷道分为哪几类?

12. 简述矿山压力、矿压显现、支承压力、冲击地压及矿山压力控制的概念。

13. 煤层顶底板由哪几部分组成?

14. 什么叫基本顶初次来压和周期来压?

15. 采煤工作面支护方式主要有哪几种?

16. 巷道支护形式主要有哪几种?

17. 简述采空区顶板的处理方法。

18. 什么叫采煤方法?

19. 壁式体系采煤法主要分为几种?

20. 什么是综采放顶煤采煤法?

第三章 矿井通风与灾害防治

第一节 矿 井 通 风

一、矿井空气

1. 地面大气的成分

一般情况下，地面大气主要由氧气（O_2）、氮气（N_2）、二氧化碳（CO_2）等组成。其体积分数分别为氧气 20.9%、氮气 78.13%、二氧化碳 0.03%、氩和其他稀有气体 0.94%。

2. 井下空气的主要成分

井下空气的来源主要是地面空气，但地面空气进入井下后，会发生物理和化学两种变化，因而井下空气的质量和数量都和地面空气有较大不同。氧气相对减少，氮气和二氧化碳含量增加，混入有害气体和矿尘，且温度、湿度和压力均有所变化，但矿井空气的主要成分仍然是氧气、氮气和二氧化碳。《煤矿安全规程》规定：采掘工作面的进风流中，按体积计算，氧气浓度不低于 20%，二氧化碳浓度不超过 0.5%；有害气体的浓度不超过表 3－1 的规定。

表 3－1 矿井有害气体最高允许浓度

名　称	符　号	最高允许浓度/%
一氧化碳	CO	0.0024
氧化氮（换算成二氧化氮）	NO_2	0.00025

表3－1（续）

名　　称	符　号	最高允许浓度/%
二氧化硫	SO_2	0.0005
硫化氢	H_2S	0.00066
氨	NH_3	0.004

二、矿井通风的基本任务

依靠通风动力，将定量的新鲜空气沿既定的通风路线不断地输入井下，以满足采煤工作面、掘进工作面、机电硐室、爆炸材料库，以及其他用风地点的需要，同时将井下污浊空气不断地排出地面。这种对矿井不断输入新鲜空气和排出污浊空气的作业过程称作矿井通风。矿井通风的基本任务有以下几点：

（1）不断向井下各用风地点供给新鲜空气。

（2）冲淡和排出井下各种有害气体和矿尘。

（3）创造良好的温度、湿度、风速等气候条件。

（4）增强矿井的抗灾能力，保证矿工身心健康和安全生产。

三、矿井气候条件

矿井空气的温度、湿度和风速三者的综合作用状态构成了井下的气候。井下工作地点人体最适宜的气候条件是：空气温度为15～20 ℃，空气相对湿度为50%～60%，而风速的大小应根据气温的高低而定。

《煤矿安全规程》规定，生产矿井采掘工作面空气温度不得超过26 ℃，机电设备硐室空气温度不得超过30 ℃。

《煤矿安全规程》对井巷各工作地点的风速规定见表3－2。

表3-2　井巷中的允许风流速度

井巷名称	允许风速/($m \cdot s^{-1}$)	
	最低	最高
无提升设备的风井和风硐		15
专为升降物料的井筒		12
风　桥		10
升降人员和物料的井筒		8
主要进回风巷		8
架线电机车巷道	1.0	8
输送机巷，采区进回风巷	0.25	6
采煤工作面、掘进中的煤巷和半煤岩巷	0.25	4
掘进中的岩巷	0.15	4
其他通风人行巷道	0.15	

四、矿井通风系统

1. 概念

矿井通风系统是矿井主要通风机的工作方法、通风方式和通风网络的总称。

2. 矿井主要通风机的工作方法

（1）抽出式通风（也称为负压通风）：将主要通风机安设在出风井井口附近，并用风硐使它和出风井筒连接，同时将出风井口封闭。当主要通风机运转时，造成风硐中空气压力低于大气压力，迫使空气从进风井口进入井下，再由出风井排出，井下空气压力低于大气压力。抽出式通风方法如图3-1a所示。

（2）压入式通风：将主要通风机安设在进风井井口附近，并用风硐与进风井筒连接。压入式通风如图3-1b所示。当主要通风机运转时，将地面空气压入井下，迫使空气从出风井排出。

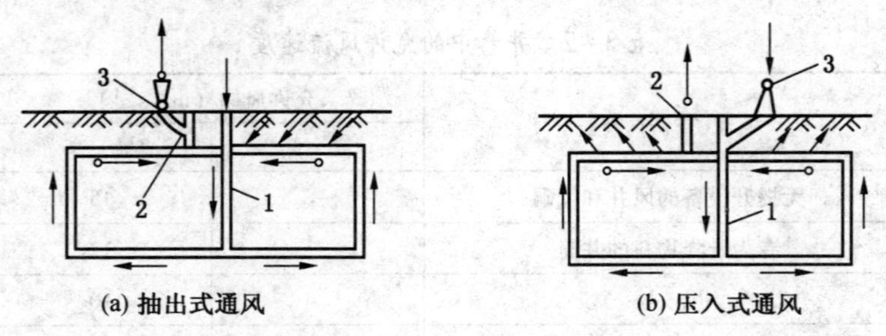

1—进风井；2—出风井；3—主要通风机

图3－1 矿井主要通风机的工作方法

进风井口一般采用密闭式井口房，使井下空气和地面空气隔开，井下任意一点的压力都高于大气压力。

（3）抽出和压入混合式通风：它是以上两种方法的综合，该方法主要应用于通风距离大、通风阻力大的矿井。因其在管理上比较复杂，应用很少。

五、矿井漏风及其危害

1. 矿井漏风的含义

矿井漏风是指在矿井通风中，进入井巷的风流未到达用风地点，而通过通风构筑物的缝隙、采空区、煤柱裂隙及地表塌陷裂缝等直接渗透到回风巷或地面的现象。

2. 矿井漏风的危害

（1）漏风使工作地点风量减少，可能造成瓦斯积聚、空气温度升高、气候条件恶化，这不仅影响工人的劳动效率，而且影响工人的身体健康和矿井安全。

（2）漏风使矿井通风系统复杂化，降低通风系统的稳定性、可靠性，影响井下风流控制和调节效果。

（3）大量漏风会造成矿井通风费用增大，甚至使主要通风机能力不足。

（4）采空区等处的漏风易造成煤炭自然发火，而地表塌陷区风量的漏入，会将采空区有害气体带入井下，直接威胁采掘工作面的安全生产。

六、采区通风系统

1. 采区通风系统

采区通风系统是矿井通风系统的组成部分。它是指矿井风流从主要进风巷进入采区，流经采掘工作面、硐室和其他用风地点后，排至矿井主要回风巷的整个线路。

2. 串联通风和循环风

（1）串联通风。采掘工作面或硐室的回风再进入其他采掘工作面或硐室的通风方式，称为串联通风，也叫作“一条龙”通风。

（2）循环风。循环风一般发生在局部通风过程中，即局部通风机的回风流部分或全部再进入同一台局部通风机的进风流中。

3. 采煤工作面通风

采煤工作面通风系统由进回风巷、工作面、采空区和通风设施等组成。它包括采煤工作面风流流动方式和通风方式等。

采煤工作面通风方法主要有正压、负压或混合通风，当采煤工作面无辅助通风机时，它取决于矿井通风系统的通风方法。

采煤工作面的风流流动形式是指工作面采用上行风和下行风。上行风是煤矿最广泛采用的风流流动形式，其适用范围很广。从国内外经验来看，下行风对降尘、降温、减少工作面瓦斯积聚有积极作用。但《煤矿安全规程》规定，有煤与瓦斯突出危险的采煤工作面不得采用下行通风。

采煤工作面的通风方式由进回风巷与工作面的相对位置所决定，主要有 U、Z、Y 及 W 等型式。采煤工作面进回风巷布置型式如图 3－2 所示。我国多采用 U 型通风，分为后退式和前进式两种。

《煤矿安全规程》规定，采掘工作面应实行独立通风。同一

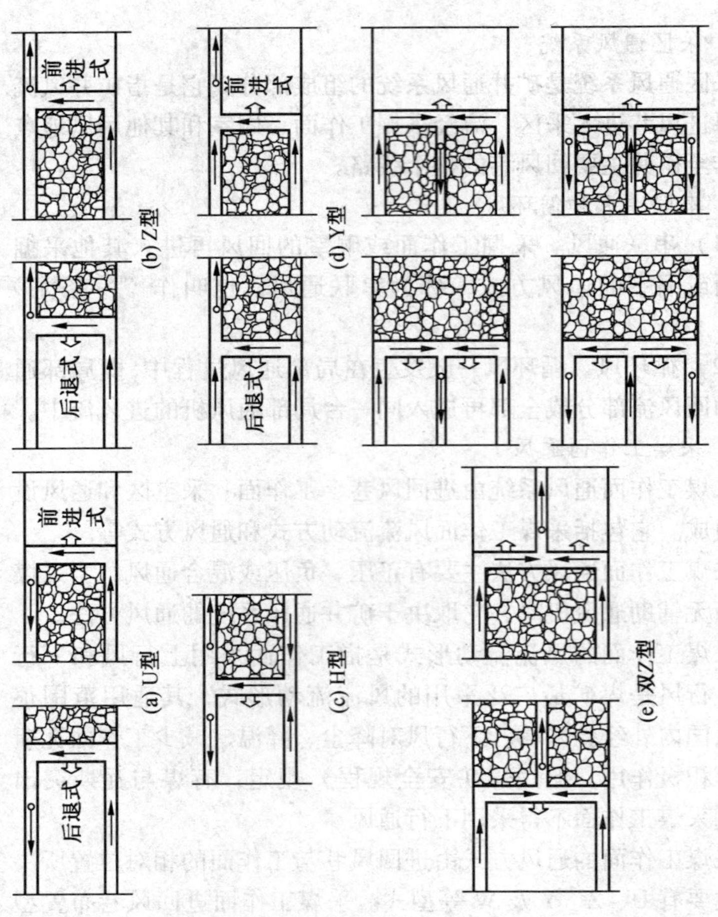

图3－2 采煤工作面进回风巷布置型式

采区内，同一煤层上下相连的2个同一风路中的采煤工作面、采煤工作面与其相连接的掘进工作面、相邻的2个掘进工作面，布置独立通风有困难时，在制定措施后，可采用串联通风，但串联通风的次数不得超过1次。采区内为构成新区段通风系统的掘进巷道或采煤工作面遇地质构造而重新掘进的巷道，布置独立通风确有困难时，其回风可以串入采煤工作面，但必须制定安全措施，且串联通风的次数不得超过1次；构成独立通风系统后，必须立即改为独立通风。对于本条规定的串联通风，必须在进入被串联工作面的风流中装设甲烷断电仪，且瓦斯和二氧化碳浓度都不得超过0.5%，其他有害气体浓度都应符合《煤矿安全规程》的规定。开采有瓦斯喷出或有煤（岩）与瓦斯（二氧化碳）突出危险的煤层时，严禁任何2个工作面之间串联通风。

《煤矿安全规程》规定，采掘工作面的进风和回风不得经过采空区或冒顶区。无煤柱开采沿空送巷和沿空留巷时，应采取防止从巷道的两帮和顶部向采空区漏风的措施。

当采掘工作面进回风流通过采空区和冒顶区时，其进风流必然将采空区和冒顶区的瓦斯带出，增加采掘工作面风流中的瓦斯含量，使工作面及回风巷中的瓦斯浓度极易超限，有时甚至达到瓦斯爆炸浓度的界限。同时，将造成采空区煤炭的自然发火，对安全造成极大威胁。

4. 掘进通风

掘进通风又称为局部通风。其方法有全风压通风、引射器通风和局部通风机通风等。其中，局部通风机通风是我国目前广泛采用的一种掘进通风方法。它有压入式、抽出式和混合式三种。

全风压通风方法的最大优点是安全可靠、管理方便，但需有足够的全风压，以克服导风设施的阻力，否则不能用。

压入式通风时巷道内风流污染大，卫生条件差，但是使用局部通风机时，具有安全性好，通风距离长，风筒轻便、柔软便于装卸等特点。

抽出式通风工作面排出的乏风、粉尘和炮烟不要经过有人作业的巷道，保障作业人员的身体健康和提高掘进效率。但是风流由风筒末端吸入，通风效果较差；局部通风机安设在乏风中，乏风由局部通风机中流过,安全性能较差。同时,抽出式通风必须使用硬质风筒,或带刚性骨架的可伸缩风筒,成本高且适应性较差。

混合式通风兼有压入式和抽出式通风的优点，通风能力强，效果好，但它只能使用在低瓦斯的工作面内。

《煤矿安全规程》规定，掘进巷道必须采用矿井全风压通风或局部通风机通风。煤巷、半煤岩巷和有瓦斯涌出的岩巷的掘进通风方式应采用压入式，不得采用抽出式（压气、水力引射器不受此限）；如果采用混合式，必须制定安全措施。瓦斯喷出区域和突出煤层的掘进通风方式必须采用压入式。局部通风机必须由指定人员负责管理，保证正常运转。压入式局部通风机和启动装置，必须安装在进风巷道中，距掘进巷道回风口不得小于 10 m；全风压供给该处的风量必须大于局部通风机的吸入风量，局部通风机安装地点到回风口间的巷道中的最低风速必须符合《煤矿安全规程》的有关规定。

低瓦斯矿井掘进工作面的局部通风机，可采用装有选择性漏电保护装置的供电线路供电，或与采煤工作面分开供电。瓦斯喷出区域、高瓦斯矿井、煤（岩）与瓦斯（二氧化碳）突出矿井中，掘进工作面的局部通风机应采用三专（专用变压器、专用开关、专用线路）供电，也可采用装有选择性漏电保护装置的供电线路供电，但每天应由专人检查 1 次，保证局部通风机可靠运转。严禁使用 3 台以上(含 3 台)的局部通风机同时向 1 个掘进工作面供风。不得使用 1 台局部通风机同时向 2 个作业的掘进工作面供风。使用局部通风机通风的掘进工作面,不得停风;因检修、停电等原因停风时,必须将人员全部撤至全风压进风流处,切断电源,设置栅栏、警示标志,禁止人员入内。恢复通风前，必须检查瓦斯浓度。只有在局部通风机及其开关附近 10 m 以内风流中的瓦斯浓度都不超过0.5%时，方可人工开启局部通风机。

第二节 矿井瓦斯防治

一、矿井瓦斯的性质及赋存状态

1. 矿井瓦斯的概念

（1）广义的概念：矿井瓦斯是指在煤矿生产过程中，从煤岩内涌出的以甲烷为主的各种有害气体的总称。

（2）狭义的概念：单指甲烷这一种气体。

2. 瓦斯（甲烷）的性质

甲烷是一种无色、无味、无臭的气体，标准状态下1 m^3 甲烷的质量为0.7168 kg。甲烷与空气的相对密度为0.554，比空气轻。甲烷无毒，但空气中甲烷浓度的升高会导致氧气浓度的降低。当空气中的甲烷浓度达到一定数值后，可使人因缺氧而窒息，如遇高温热源可引起燃烧或爆炸。

3. 瓦斯的赋存状态

瓦斯在煤体中的存在状态有两种，即吸附状态和游离状态。

（1）吸附状态，分为吸着状态和吸收状态两种。吸着状态是指瓦斯被吸着在煤体或岩体微孔表面，在表面形成瓦斯薄膜（这些瓦斯不能自由活动）；吸收状态是指瓦斯被溶解于煤体分子团中，与煤的分子相结合，即进入煤体胶粒结构。

（2）游离状态，瓦斯以自由气体状态存在于煤（岩）孔洞或裂隙内，其分子可自由运动，处于承压状态。

二、矿井瓦斯涌出

（一）矿井瓦斯涌出形式

1. 普通涌出

由于受采掘工作的影响，瓦斯长时间均匀、缓慢地从煤岩体中释放出来，这种涌出形式称为普通涌出。这种涌出时间长、范围广、涌出量多，是瓦斯涌出的主要形式。

2. 特殊涌出

特殊涌出包括喷出和突出。

（1）喷出。在短时间内，大量处于高压状态的瓦斯从采掘工作面煤（岩）裂缝中突然涌出的现象，称为喷出。

（2）突出。在瓦斯喷出的同时，伴随有大量的煤粉（岩石）抛出，并有强大的机械效应，则称为煤（岩）与瓦斯突出。

（二）矿井瓦斯涌出量

1. 概念

矿井瓦斯涌出量是指在开采过程中，单位时间内或单位质量煤中放出的瓦斯量。

2. 矿井瓦斯涌出量的表示方法

（1）绝对瓦斯涌出量是指单位时间内涌入采掘空间的瓦斯数量，用 m^3/min 或 m^3/d 表示。

（2）相对瓦斯涌出量是指矿井正常生产条件下，月平均日产 1 t 煤所涌出的瓦斯数量，用 m^3/t 表示。

（三）矿井瓦斯等级

根据矿井瓦斯相对和绝对涌出量及涌出形式，可将矿井瓦斯等级划分为以下三类。

1. 瓦斯矿井

同时满足下列条件的矿井为瓦斯矿井：

（1）矿井相对瓦斯涌出量小于或等于 10 m^3/t。

（2）矿井绝对瓦斯涌出量小于或等于 40 m^3/min。

（3）矿井各掘进工作面绝对瓦斯涌出量均小于或等于 3 m^3/min。

（4）矿井各采煤工作面绝对瓦斯涌出量均小于或等于 5 m^3/min。

2. 高瓦斯矿井

具备下列情形之一的矿井为高瓦斯矿井：

（1）矿井相对瓦斯涌出量大于 10 m^3/t。

（2）矿井绝对瓦斯涌出量大于 40 m^3/min。

（3）矿井任一掘进工作面绝对瓦斯涌出量大于 3 m^3/min。

（4）矿井任一采煤工作面绝对瓦斯涌出量大于 5 m^3/min。

3. 煤（岩）与瓦斯（二氧化碳）突出矿井

具备下列情形之一的矿井为突出矿井：

（1）发生过煤（岩）与瓦斯（二氧化碳）突出的。

（2）经鉴定具有煤（岩）与瓦斯（二氧化碳）突出煤（岩）层的。

（3）依照有关规定有按照突出管理的煤层，但在规定期限内未完成突出危险性鉴定的。

（四）矿井瓦斯涌出的主要来源

按照瓦斯涌出地点和分布状况，瓦斯涌出来源可分为：

（1）掘进区，即巷道掘进时从巷壁（岩裂隙）和落煤中涌出的瓦斯。

（2）采煤区，即采煤工作面煤壁、落煤中涌出的瓦斯。

（3）已采区，即已采区（采空区）的顶底板和浮煤中涌出的瓦斯。

三、矿井瓦斯浓度的有关规定与处理要求

煤矿井下各地点瓦斯浓度的规定与处理要求见表 3－3。

表 3－3 井下各地点瓦斯浓度的规定与处理要求

巷道（地点）名称	超限瓦斯浓度/%	瓦斯达到（或超限）处理要求
矿井总回风巷或一翼总回风巷风流	＞0.75	矿总工程师必须查明原因进行处理，并报局总工程师

表3-3（续）

巷道（地点）名称	超限瓦斯浓度/%	瓦斯达到（或超限）处理要求
采区的回风巷风流	>1.00	必须停止工作，由矿总工程师负责采取措施进行处理
采掘工作面回风巷风流	>1.00	必须停止工作，由矿总工程师负责采取措施进行处理
掘进工作面风流	1.00	必须停止用电钻打眼
	1.50	必须停止工作，切断电源，进行处理
爆破地点20 m以内风流	1.00	禁止爆破
采掘工作面电动机附近20 m以内风流	1.50	必须停止运转，切断电源，进行处理，必须降到1%以下启动
井下巷道局部地点	2.00，体积为0.5 m^3	停止运转，切断电源，进行处理，必须降到1%以下启动
采掘工作面局部积聚瓦斯浓度（包括冒顶处，背风处，回风角，密柱间及距顶板200 mm、距煤帮300 mm处）	2.00，体积为0.5 m^3	附近20 m范围内，必须停止工作，切断电源，进行处理
临时停工停风的掘进工作面（在栅栏处检查）	>2.00	采取风流短路方法进行处理
井下停电后，由主要通风机排除瓦斯时，主要通风机出口扩散处	>2.00	救护队员方可入井检查瓦斯
	<1.00	通风人员方可入井检查瓦斯
	<0.75	其他人员方可入井
采煤工作面尾巷风流（尾巷栅栏处）	2.50	停止工作面工作，由矿总工程师负责采取措施处理
井下采煤工作面之间或掘进工作面之间采用串联通风，进入串联工作风流	>0.50	必须停止工作，切断电源，进行处理

四、影响瓦斯爆炸的因素

1. 可燃性气体的混入

在瓦斯和空气的混合气体中，如果有一些可燃性气体混入，如硫化氢、乙烷等，这些气体本身具有爆炸性，不仅增加了爆炸气体的总浓度，而且会使瓦斯爆炸下限降低，从而扩大了瓦斯爆炸的界限。

2. 爆炸性煤尘的混入

当瓦斯和空气的混合气体中混入了爆炸性煤尘，由于煤尘本身遇到火源会放出可燃性气体，因而会使瓦斯爆炸下限降低。

3. 惰性气体的混入

瓦斯和空气的混合气体中，惰性气体的混入会使氧气的含量降低，因而可以缩小瓦斯的爆炸界限，降低瓦斯爆炸的危险性。

4. 混合气体的压力

混合气体的压力越大，所需的点火温度就越低，越容易发生瓦斯爆炸。

5. 混合气体的初始温度

混合气体的初始温度越高，瓦斯爆炸的界限就越大。

6. 瓦斯浓度与点火温度

不同的瓦斯浓度，所需的点火温度不同。瓦斯浓度为7% ~ 8% 时，所需的点火温度最低，最容易发生瓦斯爆炸。

五、瓦斯爆炸及其防止

（一）瓦斯爆炸的基本条件

瓦斯是一种能够燃烧或爆炸的气体，当同时具备以下三个基本条件时，就会发生爆炸。

（1）正常情况下，瓦斯爆炸浓度范围为5% ~16% （按体积计算）。5% 是最低爆炸浓度，叫作爆炸下限；16% 是最高爆炸浓度，叫作爆炸上限。当瓦斯浓度为8% ~10% 时，爆炸威力最大。

（2）引爆火源温度。一般在 650 ~ 750 ℃以上，且火源存在的时间大于瓦斯爆炸的感应期。炮火、明火、吸烟、电气火花、煤炭自燃，甚至铁器撞击或摩擦产生的火花都能达到这个温度。

（3）氧气浓度。煤矿井下空气中氧气浓度大于 12% 时，才发生瓦斯爆炸。

（二）防止瓦斯爆炸的措施

1. 防止瓦斯积聚的措施

（1）加强通风管理工作，采用合理的通风系统，确保矿井供风持续、稳定，安全可靠。

（2）加强瓦斯检查及管理工作。

（3）及时处理局部积聚的瓦斯（如工作面上隅角或采空区边界、切割中的采煤机附近、顶板垮落处等容易积聚瓦斯的地点）。

（4）抽采瓦斯（煤层瓦斯抽采或采空区瓦斯抽采等）。

2. 防止引燃瓦斯的措施

（1）严禁携带烟草及点火工具下井；严禁穿化纤衣服入井；井下禁止使用电炉；严禁拆卸、敲打、撞击矿灯；井口房、瓦斯抽放站、通风机房周围 20 m 内禁止使用明火；井下电气焊工作应严格审批手续并制定有效的安全措施；加强井下火区管理等。

（2）井下爆破工作必须使用煤矿许用电雷管和煤矿许用炸药，且质量合格，严禁使用不合格或变质的电雷管或炸药，严格执行“一炮三检”制度。

（3）加强井下机电和电气设备管理，防止出现电气火花。

（4）加强井下机械的日常维护和保养工作，防止机械摩擦产生火花引燃瓦斯。

3. 防止瓦斯爆炸灾害范围扩大的措施

（1）实行分区式通风，各水平、采区或工作面都应有其独立的进回风系统。

（2）通风系统力求简单，不用的巷道及时封闭。

（3）装有主要通风机的井口，必须设置防爆门。

（4）矿井主要通风机必须装有反风设备，并能在 10 min 内改变巷道中的风流方向。

（5）在连接两翼、相邻的采区、相邻的煤层巷道中，设置岩粉棚或水槽棚、水幕并撒布岩粉，以阻止瓦斯爆炸火焰的传播。

（6）编制灾害预防和处理计划，并向入井工作人员进行救灾安全知识教育，制定安全撤退路线（避灾路线），同时加强矿山救护队的工作等。

六、局部瓦斯积聚

1. 局部瓦斯积聚的概念

局部瓦斯积聚是指采掘工作面或其他地点局部瓦斯浓度超过2%，体积超过 0.5 m^3 的瓦斯聚集现象。

2. 易发生局部瓦斯积聚的地点

凡井下瓦斯涌出量较大，通风不良或风流达不到的地点，都极易发生局部瓦斯积聚，主要地点有：采煤工作面上隅角、刮板输送机底槽内、顶板垮落的空洞、风速低的巷道顶板附近、临时停风的掘进工作面和盲巷、采煤工作面接近采空区边界、水采工作面、采煤机械风流不畅的附近等。

3. 瓦斯积聚的危害

煤矿井下一旦发生瓦斯积聚，如不及时采取措施，当遇到点燃火花时，极易造成瓦斯燃烧或爆炸。另外，瓦斯积聚的地点，当瓦斯浓度达到一定数值后，人员进入容易发生窒息事故。瓦斯积聚的地点是井下安全生产的隐患，一旦发现，应及时采取措施进行处理。

第三节　矿井火灾防治

一、矿井火灾及其分类

1. 矿井火灾的概念

矿井火灾是指发生在矿井巷道内、硐室内和采区内，也包括发生在地面井口附近，火焰和烟气能随风流蔓延到矿井中，威胁煤矿生产及人身安全的火灾，是煤矿生产的主要灾害之一。

2. 矿井火灾的分类

矿井火灾分为外因火灾和内因火灾两种。

（1）外因火灾是指由于某种外在的高温热源引起可燃物燃烧的火灾（在矿井中使用明火、摩擦、电火花等都可引起外因火灾）。

（2）内因火灾是由于煤炭（或其他可燃物）接触空气后氧化发热而导致的火灾。内因火灾常发生在采空区、压垮和压疏松的煤柱区、堆积的浮煤或片帮冒顶处、与老窑的连通处等地点。

二、煤炭自燃

煤炭自然发火是煤矿井下明火的主要形式，其危害性较大。

1. 煤炭自燃的发展阶段

煤炭自燃一般要经历低温氧化阶段（潜伏期）、自热阶段（自热期）和自燃阶段（燃烧期）三个阶段。

2. 影响煤炭自燃的因素

（1）影响煤炭自燃倾向性的因素有煤的炭化程度、煤中的水分、煤的含硫量、煤岩成分、孔隙率和碎度等。

（2）影响煤炭自燃的地质因素有煤层的厚度、煤层的倾角、煤层的埋藏深度、地质构造、围岩性质等。

（3）影响煤炭自燃的开采技术因素有开拓、开采条件和漏风蓄热条件等。

3. 煤炭自燃的预兆

（1）巷道中空气温度升高，出现雾气或巷道壁（煤壁）“挂汗”；浅部开采时，冬天在钻孔口或塌陷区冒出水蒸气。另外冰雪融化也是自燃的征兆。

（2）能够闻到煤油、汽油或松节油味。如果闻到焦油味，则表明自燃已经发展到相当严重的程度。

（3）从煤炭自燃地点流出的水温或空气温度较高，可通过感觉器官觉察到。

（4）人体有不舒服感。例如头痛、闷热、精神疲乏等。这是自燃使氧气浓度降低，同时产生有毒气体的缘故。

三、矿井防火

1. 矿井防火的一般措施

（1）严格控制可能引起火灾的高温热源。

（2）严格管理易燃物品（如油料、棉纱等）。

（3）易燃部位必须用不燃性材料构筑。

（4）设置防火铁门。

（5）设置井上下消防材料器材库和消防设施等。

2. 预防煤炭自燃的措施

（1）选择正确的开拓开采方法：①巷道布置应尽量少切割煤层；②合理选择采煤方法；③提高采出率和加快回采速度。

（2）防止漏风：①增大漏风风阻，构筑高质量的密闭墙；②利用均压法减少漏风，即设法改变通风系统中的压力分布，降低漏风风路两端的风压差，从而减少漏风；③加强通风设施的管理，保证井下各种通风设施的构筑质量。

（3）利用阻化剂防止煤炭自燃。这种方法是将某些能抑制煤炭氧化的物质喷洒在煤炭、采空区或压入煤体中，以控制或延缓煤的氧化过程，达到防止煤炭自燃的目的。例如喷洒阻化剂、采空区灌浆注凝胶等。

四、矿井灭火

1. 灭火方法

(1) 直接灭火法。其主要包括：①用水灭火；②用砂子或岩粉灭火；③用化学灭火器灭火；④用高倍数泡沫灭火；⑤挖除火源。

(2) 隔绝灭火法。在矿井火灾不能直接扑灭时使用这种方法，在通往火区的所有井巷内构筑防火墙，将火区封闭起来，阻止空气流入，使火熄灭。这是处理大面积火灾和控制火势发展的有效措施。一般封闭火区的密闭墙有临时密闭墙和永久密闭墙两种。

2. 用水灭火时的注意事项

(1) 要有足够的水源和水量，否则少量的水在高温条件下可以分解成具有爆炸性的氢气和助燃的氧气。

(2) 灭火人员一定要站在火源的上风侧，并应保持正常通风，回风道要畅通，以便将烟雾和水蒸气引入回风道排出。

(3) 水流应从火焰四周逐步移向火源中心，不可把水直接喷向火源中心，防止高温火源将水分解成氢气和氧气，造成气体爆炸伤人事故。

(4) 要随时检查火区附近的瓦斯浓度。《煤矿安全规程》规定，抢救人员和灭火过程中，必须指定专人检查瓦斯、一氧化碳、煤尘及其他有害气体和风向、风量的变化，还必须采取防止瓦斯、煤尘爆炸和人员中毒的安全措施。

(5) 电气设备着火时，应首先切断电源。在电源未切断前，只准使用不导电的灭火器材（如砂子、岩粉和干粉灭火器）进行灭火。如果未切断电源就直接用水灭火，将危及救火人员的安全。

(6) 不能用水扑灭油类火灾。因为油比水轻，而且不能与水混合，它总是浮在水的表面，可以随水流动而扩大火灾面积。

第四节　矿 尘 防 治

一、矿尘及分类

1. 矿尘

在矿井生产过程中所产生的各种矿物细微颗粒，统称为矿尘。

矿尘的大小（尘粒的平均直径）称为矿尘的粒度，各种粒度的矿尘在全部矿尘中所占的百分比称为矿尘的分散度。

2. 矿尘的分类

矿尘的分类方法很多，现介绍以下几种：

（1）按矿尘的成分，可分为煤尘和岩尘。

（2）按有无爆炸性，可分为有爆炸性矿尘和无爆炸性矿尘。

（3）按矿尘粒度范围，可分为全尘和呼吸性粉尘（呼吸性粉尘是指粒度在 5 μm 以下，能被人吸入小支气管和肺部的粉尘）。

（4）按矿尘存在状态，可分为浮尘和落尘。

《煤矿安全规程》关于矿井作业场所空气中粉尘（包括煤尘）浓度的规定见表 3－4。

表 3－4　作业场所空气中粉尘浓度标准

粉尘中游离 SiO_2 含量/%	最高允许浓度/($mg \cdot m^{-3}$)	
	总粉尘	呼吸性粉尘
<10	10	3.5
10～50	2	1
50～80	2	0.5
≥80	2	0.3

二、矿尘的产生及危害

1. 矿尘的产生

矿尘的产生量与下列因素有关：

（1）工作地点。矿尘的产生量以采掘工作面最高，其次是运输系统的各转载点和装卸点。

（2）与机械化程度、有无防尘消尘措施、开采强度有关。

（3）煤岩的物理性质。节理发育、脆性大、结构疏松、水分低的煤易产生粉尘。

（4）采煤方法及截割参数。

（5）与作业环境的温度、湿度及通风状况有关。

（6）在干式打眼、装运岩、割煤（爆破）等工序中产生较多。

（7）在地质构造复杂、断层和裂隙发育处开采时产尘量大。

2. 矿尘的危害

（1）对人体健康的危害：能引起尘肺病、皮肤病、眼疾、上呼吸道发炎等。

（2）有爆炸性的煤尘在一定条件下，能够发生爆炸，造成人员伤亡、设备毁坏、停产、资源浪费等。尤其是将积尘扬起，造成二次、三次的连续爆炸事故。连续爆炸是煤尘爆炸的一个重要特征，它会使矿井遭受严重破坏。

（3）影响可视度和生产效率，不利于及时发现事故隐患，容易引起伤亡事故。

三、煤尘爆炸的特征及危害

1. 特征

（1）煤尘爆炸可产生高温、高压和冲击波。

（2）煤尘爆炸可产生大量有毒有害气体。

2. 危害

（1）煤尘爆炸时，可产生高温气体和火焰，瞬时温度可达

2300～2500 ℃，形成高速传播的火焰锋面，且火焰传播速度极快（610～1800 m/s），能造成人员伤亡及烧毁设备等。

（2）煤尘爆炸产生的冲击波有正向冲击和反向冲击，传播速度达 2340 m/s，并扬起煤尘，扬起的煤尘被随后的火焰点燃，将造成煤尘连续爆炸，使支架、设备、人员遭受损害。

（3）煤尘爆炸可产生高压，理论压力可达 735.5 kPa，实际上要大于此值，且爆炸产生的高压在距爆源一定距离范围内呈跳跃式增大，爆炸压力很大，破坏性很强。

（4）煤尘爆炸产生大量有害气体，尤其是 CO 浓度一般为 2%～3%，最高达 8%～10%，造成人员中毒。同时爆炸消耗大量氧气，致使氧气浓度迅速降低。

四、煤尘爆炸的条件及影响因素

1. 煤尘爆炸的条件

（1）煤尘本身具有爆炸性，且浮游在空气中，当达到一定浓度时，有燃烧爆炸的危险。爆炸界限为 45～2000 g/m^3，通常浓度为 300～400 g/m^3 时爆炸强度最高。

（2）一定温度的引爆热源，一般为 700～800 ℃。

（3）足够的氧气存在（空气中氧气浓度低于 18% 时，单纯的煤尘爆炸就不能发生）。

2. 影响煤尘爆炸的因素

（1）煤尘理化指标。例如挥发分、灰分、水分等。挥发分越高，爆炸性越强，爆炸下限浓度越低，越易爆炸；灰分越高，爆炸性越低；煤的水分具有阻爆作用。

（2）煤尘粒度。一般粒径 1 mm 以下的煤尘都能参与爆炸，参与爆炸最多的是 0.075 mm 以下的尘粒，尘粒越小，爆炸性越强。

（3）瓦斯浓度。有瓦斯存在时，煤尘爆炸浓度下限降低，瓦斯浓度越高，越易爆炸。

(4) 氧气浓度。氧气浓度越高，点燃煤尘温度越低，爆炸强度越大。反之，氧气浓度越低，点燃煤尘温度越高，爆炸强度越小。

(5) 引爆热源及爆炸环境（如空间大小、巷道长短、风速、湿度、落尘分布等）。

五、预防煤尘爆炸及防止爆炸传播的措施

1. 防尘措施

(1) 井下要有完善的防尘管路系统，保证完好，严禁破坏。皮带巷每 50 m 设一个三通阀门，其他巷道防尘管路每 100 m 设一个三通阀门。水质须是净化水，并保持足够的供水量。

(2) 采取减少粉尘产生的措施。改进采掘机械的截齿及分布状态，选用产尘量小的最佳截割参数；在可能的条件下减少炮眼数量及装药量；加强采煤工作面煤层注水工作，确保注水效果，减少粉尘生成量；湿式打眼；爆破使用水炮泥；坚持爆破前后冲洗岩帮；出煤岩预先洒水。

(3) 采取降尘措施，即降低浮尘浓度。采煤机内外喷雾、转载点喷雾、放煤口喷雾、负压二次降尘及支架间喷雾必须保证完好，且正常使用；进风大巷及回风大巷按规定安设净化水幕，要求皮带巷实现自动喷雾；坚持用好综掘机内外喷雾、爆破喷雾、除尘风机及其他防尘设施；合理匹配风量、调整风速，防止煤尘飞扬。

(4) 采取排尘措施，即采用通风方法把悬浮于风流中的粉尘排出作业场所，或增大风量稀释降低作业场所的粉尘浓度。

(5) 采取除尘措施，即及时消除落尘。按要求定期冲刷积尘，杜绝煤尘堆积，落尘较多的地区，要定期清扫。

(6) 定期测定粉尘，检验综合防尘措施实施效果，指导防尘措施的改进。

2. 防爆措施

防爆措施，即防止点燃煤尘的措施，主要有：

（1）加强井口、井下明火管理，杜绝一切明火。

（2）爆破时，必须使用取得产品合格证的雷管、炸药，严格执行火工品管理和爆破规定。

（3）提高矿用电气设备的防爆性能，加强电气设备的管理，避免出现防爆电气设备失爆和明接头等。

（4）避免产生摩擦火花、撞击火花。

（5）皮带、电缆、风筒等非金属材料必须具备抗静电、阻燃等安全性能。

（6）按规定着装，严禁穿化纤衣服下井。

（7）做好防止煤层自然发火工作，加强通风，防止瓦斯积聚等。

3. 隔爆措施

隔爆措施是为把已经发生的煤尘爆炸灾害限制在尽可能小的范围内，不让爆炸继续传播，以避免或减少更大区域的爆炸灾害所采取的措施。

其方法主要有：

（1）被动式隔爆方法，如在巷道中设置岩粉棚或水棚等。

（2）自动式隔爆方法，如在巷道中设置自动隔爆装置等。

（3）巷道喷雾洒水，降低粉尘浓度，净化空气，及时冲洗、清扫沉积煤尘。

第五节　矿井水害防治

一、矿井水害类型

造成矿井水害的水源有大气降水、地表水、地下水和老窑水（采空区水）。按水源特征，矿井水害一般分为地表水、老窑水、孔隙水、裂隙水和岩溶水五大水害类型。其中，按含水层的厚度不同，岩溶水害又分为薄层灰岩岩溶水水害和厚层灰岩岩溶水水害两类。

1. 地表水水害

地表水水源是大气降水、地表水体（江河、湖泊、水库、坑塘等）。水源通过井口、采后垮落带、岩溶塌陷坑、断层带及封闭不良钻孔充水或导水进入矿井。

2. 老窑水水害

老窑水水源是老窑、小窑、废巷及采空区积水。当巷道接近或遇到老窑积水区时，往往在短时间内涌出大量老窑水，来势凶猛，具有很大的破坏性，常造成恶性事故。

3. 孔隙水水害

孔隙水水源是第三系、第四系松散层中的孔隙水。当煤层被第四系松散含水的流砂层、砂层、砂砾层、卵石层、黏土砂层所覆盖，在开采第一水平时，煤岩柱留设不够，往往是断裂带直接进入松散层，或是松散层底部存在富水含水层。开采前对水文地质条件不清，没有按含水层下的回采条件留设煤柱，回采后水、砂或泥溃入井下。超限出煤，破坏煤岩柱或在煤岩柱中开拓巷道、硐室，破坏了隔水煤岩柱的完整性，年久渗水，垮落坍塌，使冲积层水或流砂、泥流溃入井下，淤塞巷道，甚至造成淹井。

4. 裂隙水水害

裂隙水水源为砂岩、砾岩等裂隙含水层的水。这种水害发生在开采北方二叠纪山西组煤层和侏罗纪煤层，以及开采南方侏罗纪煤层中。这些煤层顶部常有厚层砂岩和砾岩，其中裂隙发育，如与上覆第四纪冲积层和下伏奥陶纪含水层有水力联系时，可导致严重突水事故。若砂岩层缺乏补给水源时，则涌水很快变小甚至疏干。

5. 岩溶水水害

1）薄层灰岩岩溶水水害

薄层灰岩岩溶水水源主要是华北石炭二叠纪的太原群薄层灰岩岩溶水。太原群煤层的顶底板均有薄层灰岩含水层存在，在开采中必然要揭露这些含水层，并予以疏干。

2）厚层灰岩岩溶水水害

厚层灰岩岩溶水水害可分为南方型和北方型两种。南方型厚层灰岩赋存于主采煤层顶底板，几乎无隔水保护层可利用，故一旦发生溶洞突水、突泥，往往来势凶猛。北方型煤田厚层灰岩主要是奥陶系灰岩含水层，一般构造正常地区均赋存于主采煤层之下。主采煤层与厚层灰岩含水层之间常有厚度不同的煤系隔水保护层，灰岩顶面常有一定厚度的风化残积铝土存在，亦起着隔水保护层的作用。因此，此类奥灰突水常与构造和岩溶陷落柱有关。

二、矿井突水的原因

在煤矿生产建设过程中常常遇到水害，发生不同程度的突水事故，因此找出水灾事故发生的原因，从中吸取教训，对指导以后的矿井地质和矿井防治水工作，避免矿井水害事故的发生，将起到积极的作用。造成矿井突水的原因归纳起来有以下几个方面：

（1）地面防洪、防水措施不当，或因对防洪设施管理不善，暴雨山洪冲毁防洪工程，使地面水涌入井下，造成灾害。

（2）缺乏调查研究，水文地质条件不清，井巷接近老窑区、充水断层、强含水层、陷落柱、封闭不良钻孔等，不事先探放水，盲目施工，或虽进行探放水，但措施不当，从而造成淹井或伤亡事故。

（3）井巷位置不合理，如布置在不良地质条件中或强含水层附近，施工后在矿山压力与水压力共同作用下，发生顶板或底板突水。

（4）施工措施不力，工程质量低劣，致使井巷严重坍塌冒顶，导致强含水层透水或地面水体灌入井下，造成淹井事故。

(5) 乱采、乱挖，破坏了防水煤柱或岩柱。

(6) 透水征兆未被觉察、未被重视、处理不当造成透水。

(7) 测量工作失误导致巷道揭露积水区或含水断层而突水。

(8) 在水文地质条件复杂，有突水淹井危险的矿井，在需要安设而未安设防水闸门或防水闸门安设不合格，以及防水闸门失修或关闭不严，突水时不能起到堵截水作用。

(9) 矿井排水能力不足或平时对排水设备维护不当，不按时清挖水仓，突水时排水设备失效而淹井。

(10) 钻孔封闭不合格或没有封闭，成为各水体之间的垂直联系通道，当采掘工作面和这些钻孔相遇时，发生突水事故。

(11) 忽视安全生产方针，思想麻痹大意，放松警惕，没有严格执行探放水制度，违章作业等。

三、矿井突水征兆

矿井突水，是因为井下采掘活动破坏岩体天然平衡，采掘工作面周围水体在静水压力和矿山压力作用下，通过断层、隔水层和矿层的薄弱处进入采掘工作面。矿井突水的发生与发展是一个逐渐变化的过程，其显现的快慢与工作面的具体位置、采场地质情况、水压力和矿山压力有关。在工作面及其附近显示出的某些异常现象，统称为突水征兆。识别和掌握这些预兆，可以及时采取应急措施，撤离危险区人员，防止伤人事故。突水预兆包括以下几个方面：

(1) 煤壁挂红。这是因为水中含有铁的氧化物，在通过煤层或岩层裂隙时，附着在裂隙表面，呈现暗红色。

(2) 煤壁挂汗。当采掘工作面接近积水区时，水在自身压力作用下，通过煤岩裂隙而在煤壁、岩壁上聚成很多水珠，叫作挂汗。在遇到挂汗时，注意观察煤岩的新鲜面是否潮湿，如果潮湿，则是透水征兆。

（3）空气变冷。工作面接近积水区时，气温骤然下降，煤壁发凉，人一进去就有阴冷的感觉，时间越长就越感觉阴凉。

（4）形成雾气。当巷道内温度很高时，积水渗到煤壁后，引起蒸发而形成雾气。

（5）水叫声。若在煤壁、岩层内听到“嘶嘶”“吱吱”“哗哗”等声音，这是由于井下高压积水向煤岩裂缝强烈挤压与两壁摩擦而发生的声响，说明离水体不远即将突水，这时必须立即发出警报，撤出所有受水威胁地点的人员。

（6）顶板来压，产生裂缝，出现淋水。如果水体在顶板之上，由于水体压力和矿山压力的共同作用，使顶板出现裂缝和淋水，而且淋水越来越大，则表明即将突水。

（7）底鼓。底鼓有两种原因：一种是底板承压含水体静水压力和矿山压力共同作用的结果，甚至有压力水喷射出来，这是突水征兆；另一种是受矿山压力单方面作用而产生底鼓，一般不突水。当发生底鼓时，要监视底鼓的发展变化，并报告矿调度室。经技术人员调查核实确定底鼓原因。若是第一种原因，须采取紧急措施，如在底鼓地段铺设密集地梁，打木垛控制底鼓发展。在底鼓基本被控制的情况下，可在底鼓地段外侧打钻孔放水泄压。

（8）接近冲积层开采工作面压力明显增大，顶板来压、片帮，局部冒顶或冒顶次数增加，有淋水或水中有砂，应考虑有溃水、溃砂的可能。

四、矿井水害防治技术

矿井水害的防治一般分为地表防水、井下防治水和注浆堵水等。防治水工作要坚持以防为主，防治结合，以及当前和长远、局部与整体、地面与井下、防治与利用相结合的原则；坚持“预测预报、有疑必探、先探后掘、先治后采”的16字方针；落实“防、堵、疏、排、截”5项措施。根据不同的水文地质条件，采用不同的防治方法，因地制宜，统一规划，综合治理。

(一) 地表防水

地表防水是指在地表修筑防排水工程或采取其他措施，以限制大气降水和地表水补给含水层或直接渗入井下，从而减少矿井涌水量，防止水害事故的发生。地表防水主要措施有：慎重选择井筒位置、河流改道、整铺河床、修筑排（截）水沟、堵塞地表水下渗通道等。另外，雨季需加强“三防”工作。

(二) 井下防治水

1. 防隔水煤（岩）柱留设

在水体下、含水层下、承压含水层上或导水断层附近采掘时，为防止地表水或地下水溃入工作地点，留出一定宽度或高度的煤岩层称为防隔水煤（岩）柱留设。其类型有：断层防水煤（岩）柱、井田边界煤柱、水淹区防水煤（岩）柱、地表水体煤（岩）柱、冲积层煤（岩）柱和上下（或相邻采区）防水煤（岩）柱、陷落柱防水煤（岩）柱等。留设的防隔水煤（岩）柱必须保持完整，不得随意采动，必要时注浆加固薄弱带。

2. 井下探放水

探放水必须坚持16字方针，遇到下列情况时，必须编制探放水设计及安全技术措施进行探放水：①接近水淹的井巷、老窑或小窑时；②接近含水层、导水断层、含水裂隙密集带、溶洞和陷落柱时，或通过它们之前；③打开隔离煤柱放水前；④接近可能与河流、湖泊、水库、蓄水池、水井等相通的断层破碎带或裂隙发育带时；⑤接近可能涌（突）水的钻孔时；⑥接近有水或稀泥的灌浆区时；⑦采动影响范围内有承压含水层或含水构造，或煤层与含水层间的隔水岩柱厚度不清，可能突水时；⑧接近矿井水文地质条件复杂的地段，采掘工作有涌（突）水预兆或情况不明时；⑨接近其他可能涌（突）水地段时。

3. 井下截水建筑物的设置

防水闸门和防水闸墙是井下防水的主要安全设施，凡水患威胁严重的矿井，在井下巷道设计布置中，应当在适当地点预留防水闸门硐室和水闸墙的位置，使矿井形成分翼、分水平或分采区隔离开采。在水患发生时，能够使矿井分区隔离，缩小灾情影响范围，控制水势，保证矿井安全。

4. 建立完善井下排水系统

矿井排水系统应按照《煤矿安全规程》的要求，配备与矿井涌水量相匹配的水仓、水泵、输电线路等设施，确保矿井正常排水，并满足特殊情况下的排水需要。

5. 含水层的疏放降压

对威胁开采的较弱的煤层顶底板直接或间接含水层，采用疏放的办法，使其疏干或降压，煤层可以在无水威胁的情况下实现安全回采。对有限水文地质单元以静储量为主的强含水层，亦可采用疏放的方法。常用的方法有：利用巷道疏放，利用放水钻孔，利用疏放降压钻孔，利用吸水钻孔等。

6. 矿井酸性水的防治

煤层及煤系岩层中常含黄铁矿及有机硫，这些硫化物氧化后形成硫酸，使矿井水呈酸性。酸性水对金属和混凝土有腐蚀作用，危害矿井生产。井下排除酸性水主要采取以下措施：分区排出酸性水；分级排水，降低水泵扬程；冲淡酸性水；中和酸性水；改善水泵、水管的耐酸性能等。

（三）注浆堵水

注浆堵水就是利用注浆技术将制成的浆液压入地下预定地点（如突水点、含水层储水空间），使之扩散、凝固、硬化，达到堵截补给水源和加固地层的作用。目前，注浆堵水方法已在矿井建设和生产中得到广泛应用，并取得了良好效果。其应用领域包括：井筒地面预注浆，井筒工作面预注浆，井筒壁后注浆，巷道注浆，注浆恢复被淹矿井或采区，帷幕注浆堵水截流，调节矿井涌水量，底板注浆加固防止突水等。

第六节 矿井顶板灾害防治

顶板事故是指在井下开采过程中，因顶板意外垮落而造成的人员伤亡、设备损坏、停止生产等事故。顶板事故是煤矿五大自然灾害之一，控制煤层顶板、预防顶板事故的发生是煤矿安全工作的重要内容。

一、顶板事故的类型及原因

（一）巷道顶板事故

1. 空顶引起的局部冒顶

巷道掘进中空顶后没有及时支护，而造成空顶范围内顶板危岩在自重作用下垮落，引起局部冒顶，这是巷道掘进过程中常见的一类顶板事故。

2. 支架（包括锚杆支护）承载能力不足而引起的大面积冒顶事故

由于架棚巷道支架选择不合理，锚杆支护巷道时锚杆布置方式、规格尺寸选择不合理，巷道支护质量不合格等原因而造成支护能力不足，或巷道过地质构造带、贯穿老巷、掘进下分层工作面巷道、上部垮落矸石没有压实，大范围岩层的下沉运动对巷道支护产生冲击载荷，当支护能力不能承受围岩运动的作用力时而引起冒顶事故。

3. 支架稳定性差引起的推垮型事故

在倾角较大的煤层内掘进巷道（特别是破顶掘进）时，巷道上部顶板岩层在自重及上覆岩层的作用下，将产生一种沿层面的下滑力。当下滑力超出某一限度后，支架将因不能承受这一侧向力而被推垮。

巷道顶板推垮型事故常发生在空顶区、地质构造带、巷道贯通、厚煤层下分层巷道掘进及大倾角煤层巷道破顶掘进等部位。

(二) 采煤工作面顶板事故

按冒顶范围,可将顶板事故分为局部冒顶和大面积冒顶两类。

1. 局部冒顶

局部冒顶的原因一般有两类：一类是已破碎的直接顶（包括顶煤），由于失去有效的支护而局部垮落；另一类是基本顶急剧下沉，迫使直接顶破坏支护系统而造成局部垮落。后者特别容易发生在断层或褶曲构造的破坏带处。

常发生局部冒顶的地点有：靠近工作面煤壁处及其附近的支护空间，上下安全出口，放顶线附近，地质破坏带附近。

1）靠近工作面煤壁附近的局部冒顶

由于原生裂隙、构造运动及采动影响，在一些煤层的直接顶中，可能存在两组相交的裂隙而形成游离状态的岩块（图3-3)。另外，在成岩过程中，也有可能形成与顶板正常岩性不同的镶嵌型岩石（图3-4)。

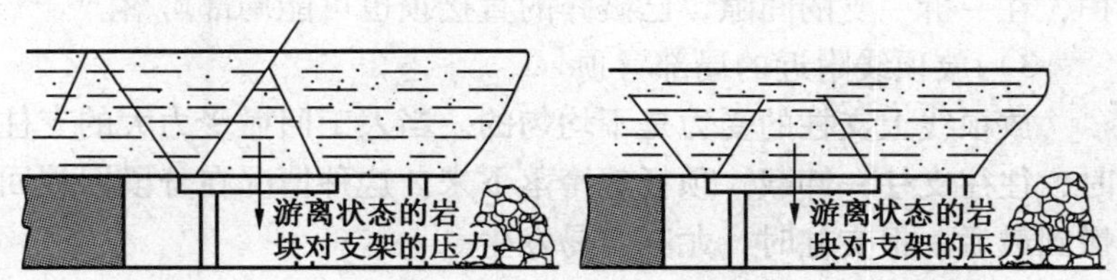

图3-3　顶板中的游离岩层

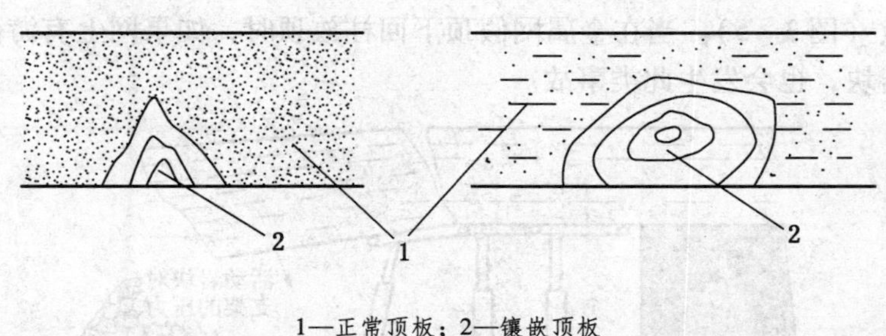

1—正常顶板；2—镶嵌顶板

图3-4　镶嵌型顶板

采煤机割煤或爆破落煤后，如果支护不及时，这类游离岩块可能突然垮落砸人，造成局部冒顶事故。当采用爆破法采煤时，如果炮眼布置不恰当或装药量过多，可能在爆破时崩倒支架（柱）导致局部冒顶。此外，当基本顶来压时，如果煤层本身强度较小，则容易引起煤壁片帮，从而扩大了无支护空间，也会引发局部冒顶。

2）上下安全出口的局部冒顶

采煤工作面上下安全出口处，控顶范围比较大，在掘进巷道时由于巷道支架初撑力一般都很小，易出现直接顶下沉、松动，甚至破碎现象。当直接顶是由薄层软弱岩层（包括顶煤）组成时更是这样。在上下安全出口处经常要进行工作面输送机机头、机尾的拆移工作，这时难免要替换原来的支护，有时还会碰倒本不该替换的支柱，此时，已破碎的顶板可能局部垮落造成事故。随着采煤工作面的推进，往往要用工作面支护替换原来的巷道支护，在一拆一支的间隙，已破碎的直接顶也可能局部垮落。

3）放顶线附近的局部冒顶

放顶线上支柱的受力是不均匀的。当人工回撤受力大的支柱时，往往支柱一卸载，顶板就垮落下来。这种情况在分段回柱回撤到最后一根支柱时，尤其容易发生。

由于断层、裂隙等的切割，直接顶可能形成大块的活动岩块，回柱时活动岩块随之旋转推倒工作面支架，造成局部冒顶事故（图3-5）。当在金属网假顶下回柱放顶时，如果网上有游离岩块，也会发生此类事故。

图3-5 直接顶垮落推倒支架示意图

4）地质破坏带附近的局部冒顶

如果采煤工作面遇到垂直工作面或斜交工作面的断层，在顶板活动过程中，断层附近的破断岩石可能顺断层面下滑，从而推倒工作面支架，造成局部冒顶。

2. 大面积冒顶

大面积冒顶是由于直接顶或基本顶大面积运动造成的。其中包括直接顶和基本顶按预定步距有规律地运动，以及工作面推进至地质构造带所引起的运动。

大面积冒顶事故可分为压垮型、漏垮型及推垮型。常发生在复合顶板、金属网假顶下开采，以及坚硬顶板等条件下。

1）基本顶来压时的压垮型冒顶

压垮型冒顶是指因工作面支护强度不足和顶板来压引起支架大量压坏而造成的冒顶事故（图3－6）。

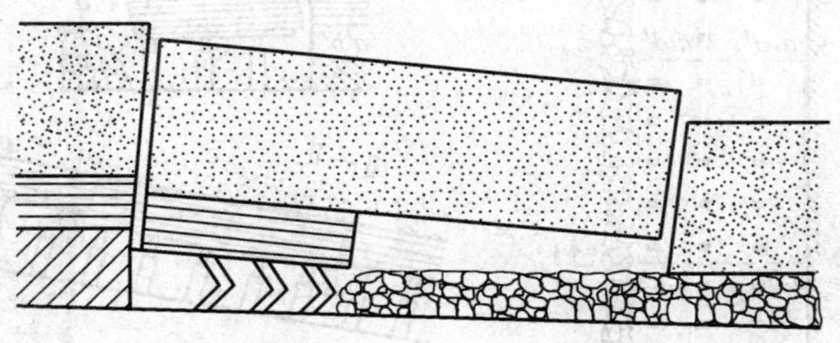

图3－6　垮落带基本顶岩块压坏采煤工作面支架

2）大面积漏垮型冒顶

由于煤层倾角较大，直接顶又异常破碎，采煤工作面支护系统中如果某个地点失效而发生局部漏冒，破碎顶板就有可能从这个地点开始沿工作面往上全部漏空，造成支架失稳，导致工作面发生漏垮型冒顶。工作面漏垮型冒顶示意图如图3－7所示。

3）复合顶板推垮型冒顶

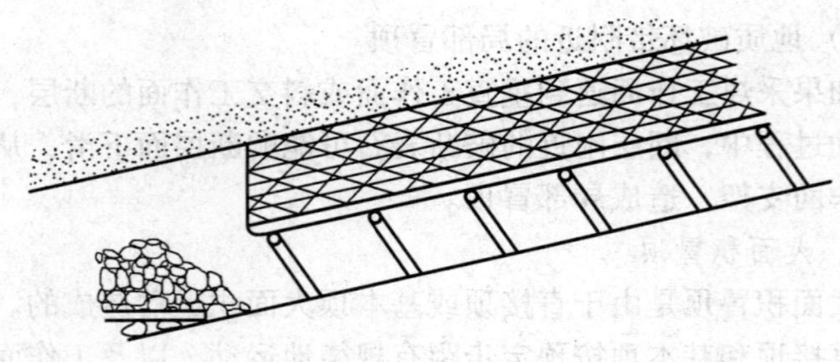

图3-7 工作面漏垮型冒顶示意图

推垮型冒顶是指因水平推力作用，使工作面支架大量倾斜而造成的冒顶事故。复合顶板下位软岩层离层断裂如图3-8所示。

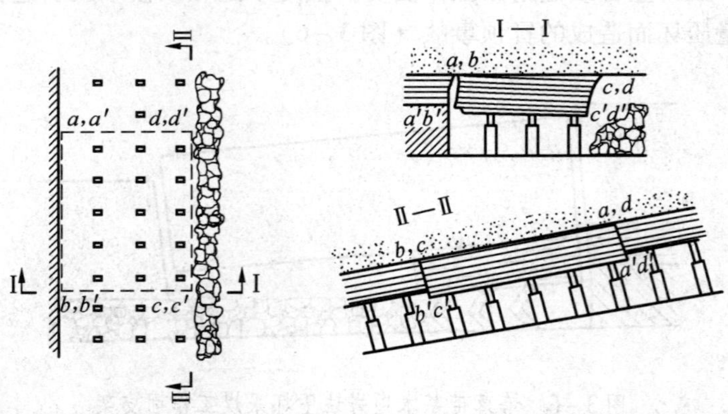

图3-8 复合顶板下位软岩层离层断裂

二、顶板事故的预兆

顶板岩层垮落前，事先都有一些预兆，具体如下。

1. 响声

采掘工作面冒顶前会发出多种声音，如采煤工作面基本顶断裂时的煤炮声或闷雷声，直接顶受压时的碎裂声；掘进工作面棚子及背顶材料受压后劈裂声等都是冒顶的预兆。

2. 掉碴

顶板严重破裂时，断梁折柱现象就会增加，随之出现顶板掉碴现象。掉碴面积广而多，说明可能要发生大面积来压。在破碎顶板下，掉碴量大，甚至出现“煤矸雨”，这是发生冒顶的危险信号。

3. 片帮

冒顶前煤壁受压大，变得松软，煤壁片帮比平时更严重，这是来压的明显信号。

4. 裂缝

顶板的裂缝，一种是由于地质构造产生的自然裂隙，另一种是由于顶板下沉引起的采动裂隙。采煤工作面直接顶在受到基本顶压力后，会更加破碎，裂缝条数会增多、加宽。同时，直接顶的下沉量也会增大，下沉速度加快。在掘进工作面，顶板同样会出现裂缝、掉碴、离层等，这些现象的出现表明冒顶即将发生。

5. 离层

顶板要垮落时，往往出现离层现象，这种现象首先表现在支架上。采煤工作面冒顶前反映在支架上的预兆有活柱下缩速度加快、下缩量增大，支柱被压折压弯或整体向一方倾斜推倒。在掘进工作面，棚子及前探梁临时支护被压弯、压劈。这些现象都说明顶板压力极大，而且支架已难以控制顶板，冒顶事故会立刻发生。检查顶板离层要用问顶的方法，如果声音清脆，表明顶板完好；若顶板发出“空空”声，说明上下岩层间已离层，是冒顶的预兆，应撤出人员。

6. 漏顶

破碎的伪顶或直接顶（包括顶煤）在大面积冒顶前，有时因为背顶不严和支架接顶不实出现漏顶现象。如不及时处理漏顶，会使棚顶漏空、支架松动或锚杆失效，顶板岩石（或顶煤）继续垮落，就会造成没有响声的冒顶。

三、冒顶事故的预防措施

1. 合理布置巷道

矿井主要巷道应布置在稳定的煤层或底板岩层中。工作面进回风巷道应根据矿山压力特点，布置在稳压区内，尽量采用沿空掘巷和沿空留巷。

2. 选择合理的布置参数

对于锚杆支护巷道，应根据断面尺寸及巷道矿压显现程度，合理布置锚杆的间排距和规格尺寸。

3. 巷道支架（或支设的锚杆）应有足够的支护强度

巷道支架（或支设的锚杆）应有足够的支护强度,以抗衡围岩压力;巷道支架所能承受的变形量,应与巷道使用期间围岩可能的变形量相适应;尽可能做到支架与围岩共同承载。应特别注意顶与帮的背严背实问题,杜绝支架与围岩间的空顶与空帮现象。

4. 严格执行敲帮问顶制度，加强掘进迎头的临时支护

严格执行敲帮问顶制度，严格控制控顶距，对于防止掘进工作面冒顶事故非常重要。当掘进工作面遇到断层褶曲等地质构造破坏带或层理裂隙发育的岩层时，棚子应紧靠掘进工作面。危石必须挑下，无法挑下时应采取临时支撑措施，严禁空顶作业。在地质破坏带或层理裂隙发育区掘进巷道时，要缩小棚距。

第七节　矿井冲击地压防治

一、冲击地压的概念与分类

1. 概念

冲击地压是指井巷或工作面周围岩体，由于弹性变形能的瞬

时释放而产生突然剧烈破坏的动力现象，常伴有煤岩体抛出，巨响、震动，以及气浪等现象。它具有很大的破坏性，是煤矿重大灾害之一。对于冲击地压现象，世界各国以及不同的行业，称谓也不统一，常见的有“岩爆”“煤爆”“冲击矿压”“冲击地压”“矿山冲击”等，本书采用“冲击地压”这个术语。

2. 分类

冲击地压是一种复杂的矿山动力现象，其生成环境、发生地点、宏观和微观上的显现形态多种多样，显现强度和所造成的破坏程度也相差很大。冲击地压的分类方法较多，下面仅介绍根据冲击地压的能量特征对冲击地压进行分类的方法。

根据冲击地压的能量特征，将冲击地压分为微冲击、弱冲击、中等冲击、强烈冲击，以及灾害性冲击5个等级(表3－5)。

表3－5 冲击地压按能量特征分类

冲击地压级别	地震能/J	震中的地震烈度/级
微冲击（射落、微震）	<10	<1
弱冲击	$10\sim10^2$	$1\sim2$
中等冲击	$10^2\sim10^4$	$2\sim3.5$
强烈冲击	$10^4\sim10^7$	$3.5\sim5$
灾害性冲击	$>10^7$	>5

（1）微冲击。微冲击表现为小范围内的岩石抛出和矿体微震动，包括射落和微震。射落是表面的局部破坏，表现为单个煤（岩）块弹出，并伴有射击的声响。微震是岩体深部不产生粉碎和抛出的局部破坏，常伴有声响和岩体微震动。

（2）弱冲击。弱冲击表现为少量煤（岩）抛出的局部破坏，伴有明显的声响和地震效应，但不造成严重损害。

（3）中等冲击。中等冲击表现为急剧的脆性破坏，抛出大量岩石，形成气浪，造成几米长的巷道支架损坏，机电设备推移或损坏机电设备。

（4）强烈冲击。强烈冲击使长达几十米的巷道支架破坏，损坏机电设备。

（5）灾害性冲击。灾害性冲击使整个采区或一个水平内的巷道发生垮落。个别情况下波及全矿，造成整个矿井报废。

二、冲击地压发生预兆与危害

1. 预兆

（1）工作面、巷道顶板压力骤然增大，工作面超前支护段顶梁、单体支柱变形，遭到破坏。

（2）工作面、巷道片帮严重，顶板下沉加剧，巷道底板鼓起。

（3）钻孔钻进时，动力效应明显，有卡钻、顶钻、吸钻、钻杆跳动剧烈、钻孔内有异响等现象，钻孔内煤粉排出量超过正常量，有碎煤块。

（4）煤炮频繁，声响由小逐渐增大、加密，由清脆变沉闷。

（5）利用电磁辐射仪监测时，电磁辐射值、脉冲数随时间呈增加趋势，或先随时间增加，而后突然降低，然后又呈增加趋势。

2. 危害

冲击地压因其发生的复杂性、瞬时性、猛烈性，对矿井安全生产危害十分严重。

（1）轻微的冲击地压会造成煤岩体振动、煤（岩）体内部产生裂隙、岩体破断、煤体鼓出、巷道变形。

（2）一般的冲击地压会造成巷道变形破坏，支架与设备损坏，影响生产的正常进行。

（3）严重的冲击地压会造成人员伤亡和巨大的经济损失，

甚至还可能引发瓦斯煤尘爆炸、水灾、火灾等重大矿井灾害。

(4) 强烈的冲击地压还会造成地面建筑物的破坏和倒塌等。

三、冲击地压的监测方法与防治措施

1. 监测方法

1) 经验类比法

发生过冲击地压的矿井都积累了一些经验，对以往经验教训作出规律性的总结，并用于指导本矿或相似条件的其他矿井冲击地压煤层安全开采的方法称为经验类比法。

2) 钻屑法

钻屑法是通过在煤层中打小直径钻孔，根据排出的煤量及其变化规律，以及有关动力效应鉴别冲击危险的一种方法。当单位长度的排粉率增大到标定值时，表示具有冲击危险。

3) 电磁辐射监测法

矿用本安型冲击地压电磁辐射监测仪是利用电磁辐射强度值和脉冲数两个参数指标的三个值（电磁辐射强度极大值、电磁辐射强度平均值和电磁辐射脉冲数）来监测工作面突出或冲击危险程度的。

4) 微震监测系统

微震监测系统的主要功能是对全矿或一个采区范围进行微震监测，自动记录微震活动，实时进行震源定位和微震能量计算，为评价全矿范围内的冲击地压危险性提供依据。

5) 其他监测方法

可采用地音、煤层围岩压力－变形观测法、煤岩体应力测量法等方法来监测冲击危险。

2. 防治措施

煤矿冲击地压防治措施的主要原则是及时查明冲击危险煤层，及时采取综合防治措施。它包括区域性防范措施和局部性解危措施。前者旨在消除产生冲击地压的条件，具有时空上的长期性和区域性。后者旨在对已形成冲击危险的区段进行解危处理和安全防护，属于暂时的局部性措施。应优先考虑使用区域性防范措施，但局部性解危措施也必不可少。

1）采用合理的开拓布置和开采方式

井田划分必须保证合理的开采顺序，最大限度地避免形成煤柱等应力集中区；开采有冲击危险的煤层，回采巷道时应尽可能避开支承压力峰值范围；采用长壁式开采法相对于其他采煤方法，有利于减少或消除冲击地压发生的条件。

2）开采保护层

开采保护层是防治冲击地压的一项有效的区域性防范措施。

3）煤层预注水

煤层预注水是一种积极主动的区域性防范措施，不仅能消除或减缓冲击地压的威胁，而且可以起到消尘、降温、改善劳动条件的作用。

4）卸压爆破

卸压爆破是对已形成冲击危险的煤体，用爆破方法减缓其应力集中程度的一种解危措施。

5）钻孔卸压

钻孔卸压是利用钻孔方法消除或减缓冲击地压危险的解危措施。

6）冲击地压综合防治

冲击地压防治的基本途径是综合防治。必须从煤矿生产实际出发，从生产的各个环节入手，把科学试验、防治实践和生产技术管理有机地结合起来，制定和形成科学的、行之有效的防治体系。在防治工作中要有针对性地采取防治措施，并在实际中贯彻执行和有效应用，以消除冲击地压，保证安全生产。

冲击地压综合防治方案主要由防治程序、防治和管理措施、防治内容等部分组成。冲击地压矿井都要制定冲击地压综合防治方案。

复习思考题

1.《煤矿安全规程》对采掘工作面进风流中氧气含量和二氧化碳含量有什么规定?

2. 矿井内常见的有害气体有哪些?

3. 矿井内有害气体的防治措施有哪些?

4.《煤矿安全规程》对采掘工作面的气温是如何规定的?

5. 什么是矿井通风系统?《煤矿安全规程》对矿井通风系统的要求是什么?

6. 什么是矿井瓦斯?矿井瓦斯涌出的形式有哪几种?

7. 矿井瓦斯等级划分的依据是什么?具体划分为哪几个等级?

8. 瓦斯爆炸的条件是什么?

9. 预防瓦斯爆炸的措施有哪些?

10. 煤尘爆炸的条件是什么?

11. 防治煤尘爆炸的措施有哪些?

12. 什么是矿井火灾?其危害有哪些?

13. 预防电气火灾的措施有哪些?

14. 井下发生火灾时现场人员的行动准则是什么?

15. 用水灭火的注意事项是什么?

16. 简述井下防治水的措施。

17. 掘进工作面透水前有哪些预兆?

18. 掘进工作面发生透水事故时应采取哪些安全措施?

19. 掘进工作面冒顶事故的预防措施有哪些?

20. 采煤工作面冒顶事故的预防措施有哪些?

第四章 矿用绞车

第一节 矿用绞车的作用及分类

一、矿用绞车的作用

矿用绞车是利用缠绕钢丝绳带动提升容器，沿井筒或倾斜井巷运行的提升机械，是煤矿生产系统中必不可少的重要运输设备，常用于采区、工作面顺槽及掘进工作面等地点。

正确操作与维护绞车，保证其安全可靠、经济地运行，对提高工作效率，延长设备的使用寿命，具有极为重要的意义。因此，要求绞车操作工熟悉绞车理论基础知识、掌握绞车操作技能和简单维护技术，能熟练、正确地操作，确保安全运行。

二、矿用绞车的分类

1. 矿用绞车的类型

（1）矿用绞车的分类方法有多种，一般采用下列几种分类方法：

①按照传动方式，可分为齿轮传动绞车和液压传动绞车。

②按照钢丝绳缠绕方式，可分为缠绕式绞车和摩擦式绞车。

③按照滚筒数目，可分为单滚筒绞车和双滚筒绞车。

④按照防爆性能，可分为防爆绞车和非防爆绞车。

⑤按照滚筒直径及使用情况，可分为 2 m（含 2 m）以下的提升物料的绞车和 2 m 以上的主要提升装置。

（2）在煤矿生产中常用的绞车主要有以下几种：

①在倾斜井巷用来提升煤炭、矸石、设备等物料的提升绞车。

②在平巷或倾斜井巷用来调度车辆或进行辅助提升的调度绞车。

③在采煤工作面用来拆除和回收工作面支柱的回柱绞车。

④在平巷和倾斜井巷用来运送物料的无极绳绞车，以及在倾斜井巷用来提升物料的差动变速绞车等。

根据《煤矿安全规程》名词解释中对主要提升装置的定义为：含有提人绞车及滚筒直径 2 m 以上的提升物料的绞车的提升装置。因此，本书主要讲述滚筒直径 2 m（含 2 m）以下的只用于提升物料的矿用绞车。

2. 绞车提升的特点

斜井串车提升有单钩及双钩之分，适用于 6°～25°的上下山运输，具有投资少、安装方便的优点。但受提升能力和速度的限制，其运输量较小，且钢丝绳磨损快，多用于年产量为 150 万 t 及以下的矿井，或者作为大型矿井的辅助运输。

3. 矿用绞车型号的含义

1）基本型号

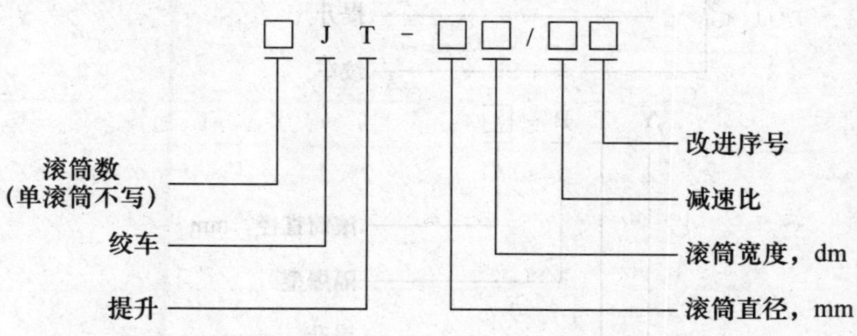

2）派生型号

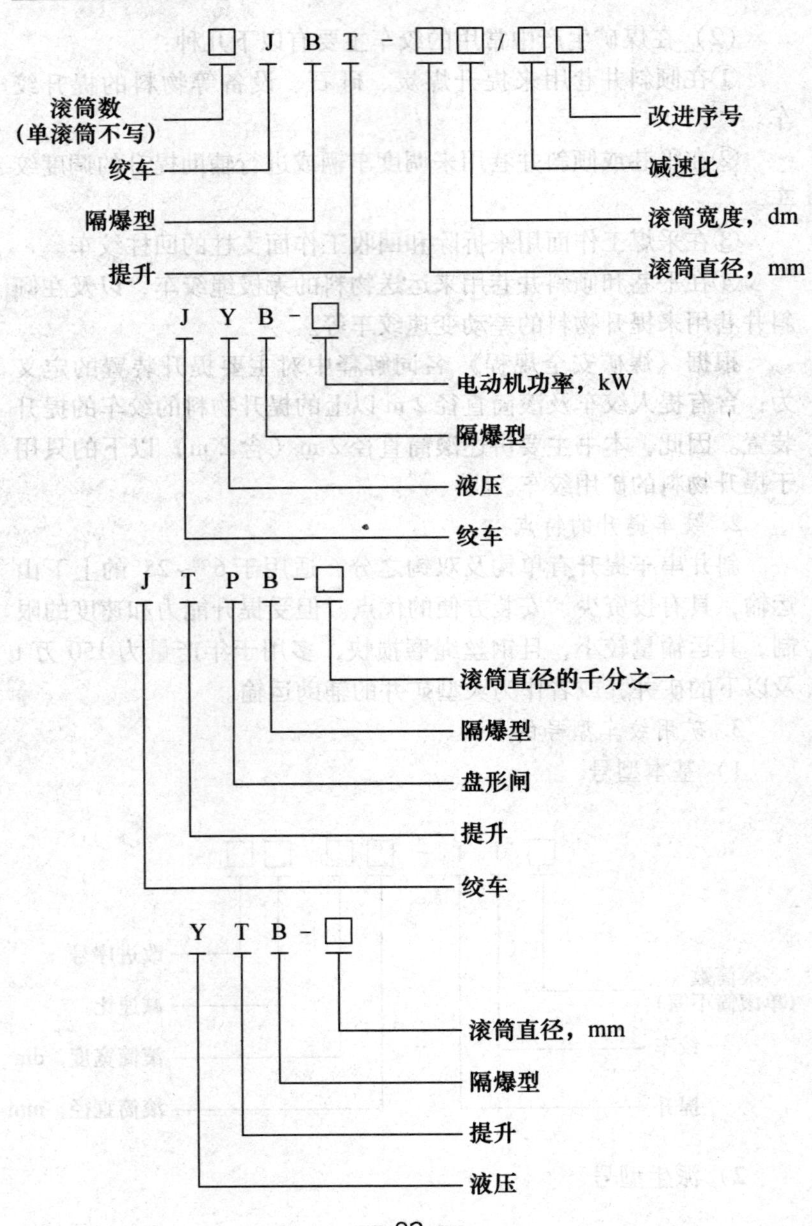
□ J B T - □□/□□
滚筒数
(单滚筒不写)
绞车
隔爆型
提升
改进序号
减速比
滚筒宽度，dm
滚筒直径，mm
J Y B - □
电动机功率，kW
隔爆型
液压
绞车
J T P B - □
滚筒直径的千分之一
隔爆型
盘形闸
提升
绞车
Y T B - □
滚筒直径，mm
隔爆型
提升
液压

第二节 矿用齿轮传动式提升绞车

一、类型

矿用齿轮传动式提升绞车采用齿轮啮合传动方式，主要有以下几种类型。

1. JT系列提升绞车

常用型号有JT－800/630、JT－800/630（A）、JT1200/1000－24等。此类绞车的安全保险制动采用盘式制动闸。

2. 防爆型提升绞车

常用型号有JBT－1200/1028、JBT－1200/828、JTPB1200/1024（带盘式制动闸）等。此类绞车仍采用齿轮传动方式，安全保险制动闸采用块式制动闸或盘式制动闸，但电动机和电控设备都符合防爆性能要求，可用于易燃易爆环境。

3. JTP、JTPB系列加宽提升绞车

常用型号有JTP－1.2×1.2、JTPB－1.2×1.2、2JTP－1.2×1、2JTPB－1.2×1、JTP－1.6×1.5、JTPB－1.6×1.5、2JTP－1.6×1.2、2JTPB－1.6×1.2等几种。

二、基本组成及结构特点

矿用齿轮传动式提升绞车一般由机座、电动机、联轴器、减速器、主轴装置、制动装置等组成。由于绞车型号不同，各部件存在一定的差异。下面介绍几种常见的齿轮传动式提升绞车的结构特点。

1. JT－800/630型绞车

JT－800/630型绞车由电动机、木销联轴器、减速器、主轴装置、带式制动器和机座等6部件组成（图4－1）。

该型号的绞车牵引能力较小，只使用一组手动重锤制动器，

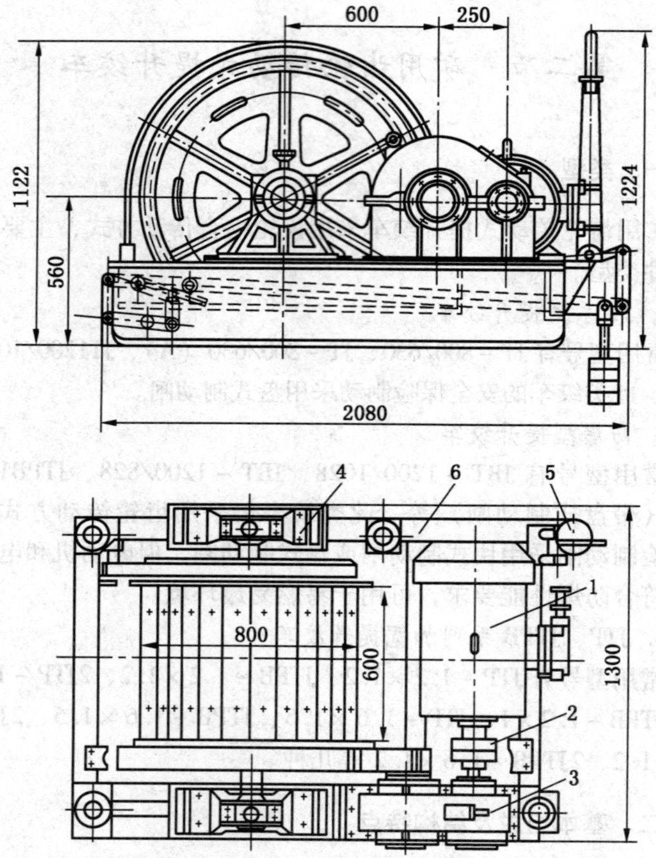

1—电动机;2—木销联轴器;3—减速器;4—主轴装置;5—带式制动器;6—机座

图 4-1 JT-800/630 型绞车外形图

因此只适合于井下运输及调车之用,有时也可用于辅助提升,但不准用于升降人员。井下绞车所配用的电动机一般为三相笼型异步电动机。如果用于地面或井下通风良好的地点,为了调速也可选配三相绕线型异步电动机,启动时可附加金属电阻或液体电阻。

JT-800/630 型绞车的传动系统如图 4-2 所示。

提升速度（绳速）计算如下：

传动比 i：

$$i=\frac{Z_2}{Z_1}\times\frac{Z_4}{Z_3}=\frac{80}{19}\times\frac{132}{18}\approx30.9$$

滚筒转速 n_2：

$$n_2=\frac{n_1}{i}=\frac{735}{30.9}\approx23.8\ \text{r/min}$$

绳速 v：

$$v=\frac{\pi Dn_2}{60}=\frac{\pi\times0.8\times23.8}{60}\approx1\ \text{m/s}$$

$Z_1=19\qquad Z_2=80$

$Z_3=18\qquad Z_4=132$

其中，n_1 为电动机转速，取 735 r/min。

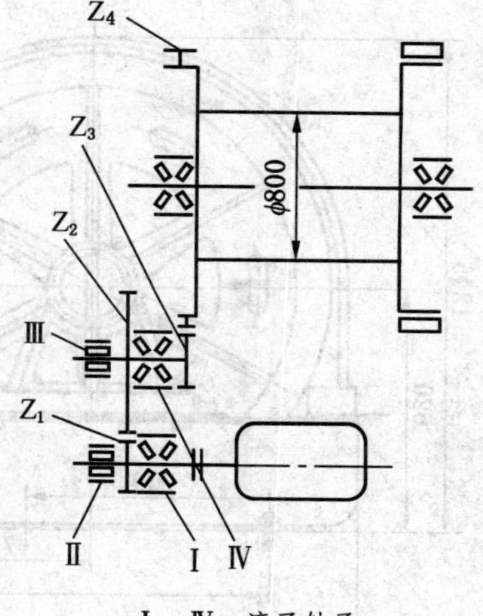

Ⅰ～Ⅳ—滚子轴承

图 4－2 JT－800/630 型绞车的传动系统图

2. JT－800/630(A)型绞车

JT－800/630(A)型绞车由电动机、减速器、主轴装置、制动闸、工作闸等部件组成（图 4－3）。

制动闸对滚筒进行制动，工作闸（离合）制动行星齿轮传动的内齿圈，使绞车进行提升牵引，下放时反转电动机；利用制动闸和工作（离合）闸配合控制行车运行速度。

JT－800/630(A)型绞车的传动系统如图 4－4 所示。

JT－800/630(A)型绞车由一级行星齿轮传动与一级定轴齿轮传动组成，太阳轮 Z_1 通过齿形联轴器与电动机连接，因此太阳轮 Z_1 随电动机转动；3 个行星轮 Z_2 装在行星架上，一方面它与太阳轮 Z_1 啮合，另一方面又与内齿圈 Z_3 啮合。当内齿圈 Z_3 不固定时，行星轮 Z_2 作为一个过渡轮驱动内齿圈 Z_3 旋转，当制动内齿圈 Z_3 时，行星轮带着行星架绕内齿圈 Z_3 旋转，由于行星架与齿轮 Z_4 固定，因此带动固定在滚筒上的齿轮 Z_5 转动，滚筒旋转进行提升。

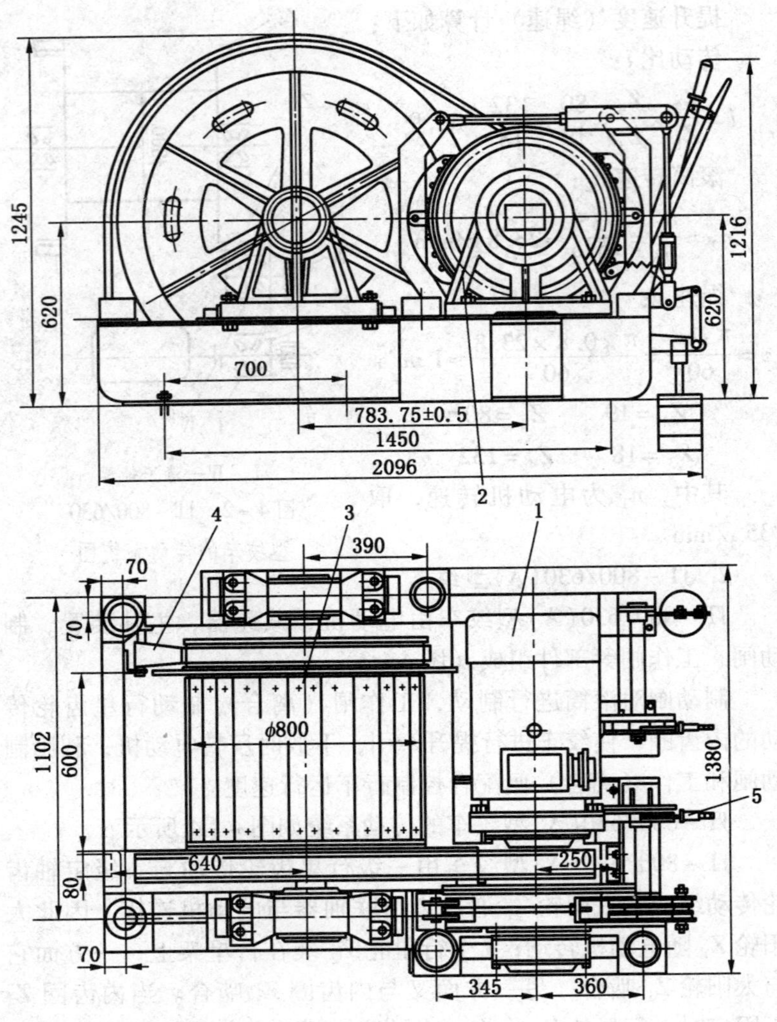

1—电动机；2—减速器；3—主轴装置；4—制动闸；5—工作闸

图4-3 JT-800/630（A）型绞车外形图

T-800/630型和JT-800/630(A)型绞车都是由电动机、减

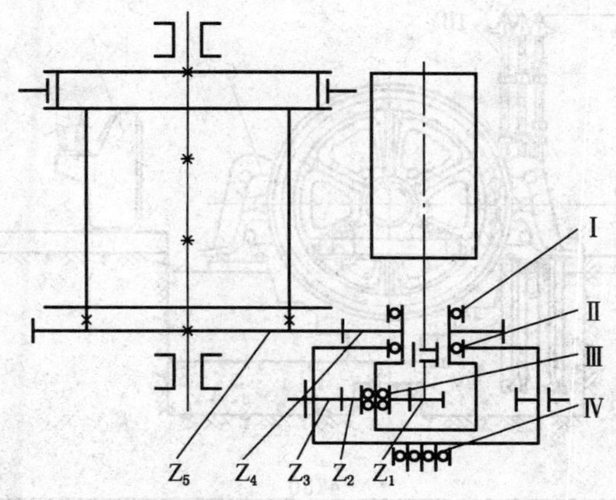

Z_1—太阳轮；Z_2—行星轮；Z_3—内齿圈；Z_4、Z_5—齿轮；
Ⅰ、Ⅳ—单列向心球轴承；Ⅱ、Ⅲ—单列向心短圆柱滚子轴承

图 4-4 JT-800/630（A）型绞车的传动系统图

J 速器、主轴装置组成的，所不同的是前者采用普通圆柱齿轮减速器，后者采用行星齿轮传动减速器，类似于调度绞车，可实现电动机不停机而滚筒停转的操作方式。

3. JTPB-1200/1024(JTPB-1.2) 型绞车

JTPB-1200/1024(JTPB-1.2) 型绞车主要由电动机、联轴器、减速器、盘式制动闸、主轴装置、液压站、深度指示器等部件组成。该型号绞车采用了盘式制动闸，能实现二级制动，可使绞车迅速平稳地停车。JTPB-1200/1024(JTPB-1.2) 型绞车外形如图 4-5 所示。

该型号绞车的传动系统如图 4-6 所示。

三、主要技术特征

（1）常用齿轮传动式提升绞车的主要技术特征见表 4-1。

（2）常用 JTP、JTPB 系列加宽提升绞车的主要技术特征见表 4-2。

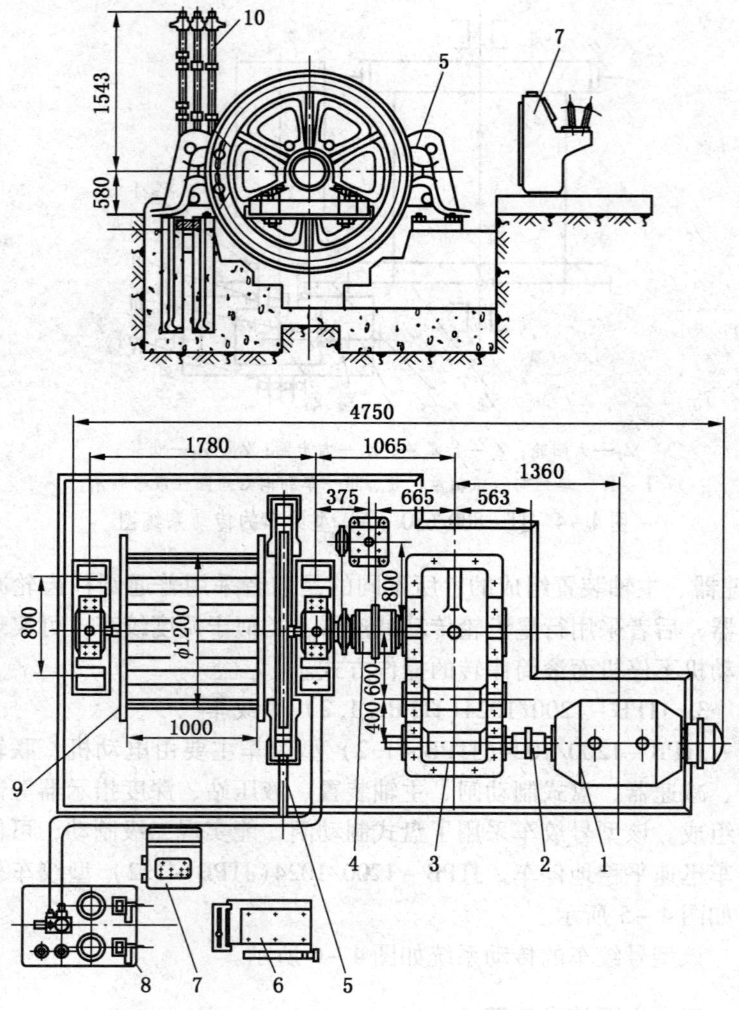

1—电动机；2—弹性联轴器；3—减速器；4—齿形联轴器；
5—盘式制动闸；6—凸轮控制器；7—控制台；8—液压站；
9—主轴装置；10—深度指示器

图4-5 JTPB-1200/1024(JTPB-1.2) 型绞车外形图

表4-1 常用齿轮传动式提升绞车的主要技术特征

<table>
<tr><th colspan="2" rowspan="2">项 目</th><th colspan="9">型 号</th></tr>
<tr><th>JT800-630</th><th>JT800-630(A)</th><th>JYB-55</th><th>JBT-1200/1028</th><th>2JBT-128/828</th><th>JTPB-1200/1024（JTPB-1.2）</th><th>2JTPB-1200/824（JTPB-1.2×1.2）</th><th>JYB-1200（液力变速）</th><th>JYB-40×1.25（JY-4）</th></tr>
<tr><td colspan="2">滚筒数/个</td><td colspan="4">1</td><td>2</td><td>1</td><td>2</td><td colspan="2">1</td></tr>
<tr><td rowspan="2">牵引力/kN</td><td>最大静张力</td><td>12/15</td><td>11.76</td><td>29.4</td><td colspan="2">25</td><td colspan="2">30</td><td>25.2</td><td>40</td></tr>
<tr><td>最大张力差</td><td></td><td></td><td></td><td></td><td>15</td><td></td><td>20</td><td></td><td></td></tr>
<tr><td colspan="2">绳速/$(m \cdot s^{-1})$</td><td>1.36~1.03</td><td>1.50~1.16</td><td>1.63</td><td colspan="2">1.80~2.20</td><td></td><td>1.84~2.50</td><td>1.84</td><td>1.25（平均）</td></tr>
<tr><td colspan="2">绳径/mm</td><td colspan="2">15.5</td><td colspan="3">18.5</td><td colspan="3">20</td><td>21.5</td></tr>
<tr><td colspan="2">容绳量/m</td><td colspan="2">480</td><td>890</td><td>520</td><td>420</td><td>660</td><td>520</td><td>650</td><td>650</td></tr>
<tr><td colspan="2">滚筒规格（直径×宽度）/(mm×mm)</td><td colspan="2">800×600</td><td>1000×800</td><td>1200×1000</td><td>1200×800</td><td>1200×1000</td><td>1200×800</td><td>1200×1000</td><td>580×600</td></tr>
<tr><td colspan="2">传动方式</td><td>两级定轴</td><td>一级行星
一级定轴</td><td>两级行星
在滚筒内</td><td colspan="2">二级定轴</td><td colspan="2">二级定轴</td><td>三级定轴</td><td>两级行星
在滚筒内</td></tr>
<tr><td colspan="2">减速比</td><td>30</td><td>26.8</td><td>51.49</td><td colspan="2">28</td><td colspan="2">24</td><td>52</td><td>32.75</td></tr>
</table>

表 4－1（续）

项目		型号								
		JT800－630	JT800－630（A）	JYB－55	JBT－1200/1028	2JBT－128/828	JTPB－1200/1024（JTPB－1.2）	2JTPB－1200/824（JTPB－1.2×1.2）	JYB－1200（液力变速）	JYB－40×1.25（JY－4）
制动装置	制动闸	带式	综合式（两组）	综合闸块式			盘闸		综合闸块式	
	保险闸	电液推杆							电液推杆	
深度指示器				圆盘式	龙门式	牌坊式	牌坊式			
电动机	型号	BJO_2－72－6/BJO_2－81－8	$YB200L_2$－6/YB2255－8	YB250 M－4					YB250 M－4	YB250 M－6
	功率/kW	17/22	18.5/22	55	75/50	50/40	75/55	55/40	55	
	转数/（$r\cdot min^{-1}$）	970/735	970/730	1480	975/752		975/752		1500	970

表4-2 常用JTP、JTPB系列加宽提升绞车的主要技术特征

型号	JTP-1.2×1.2	JTPB-1.2×1.2	2JTP-1.2×1	2JTPB-1.2×1	JTP-1.6×1.5	JTPB-1.6×1.5	2JTP-1.6×1.2	2JTPB-1.6×1.2
滚筒直径/mm	1200	1200	1200	1200	1600	1600	1600	1600
最大静张力/kN	30	30	30	30	45	45	45	45
最大静张力差/kN			20	20			30	30
绳径/mm	21.5	21.5	21.5	21.5	24.5	24.5	24.5	24.5
绳速/($m\cdot s^{-1}$)	2.5~1.84	2.5~1.84	2.5~1.84	2.5~1.84	4~2.45	4~2.45	4~2.45	4~2.45
质量/kg	8000	8000	10000	10000	11400	11400	13800	13800

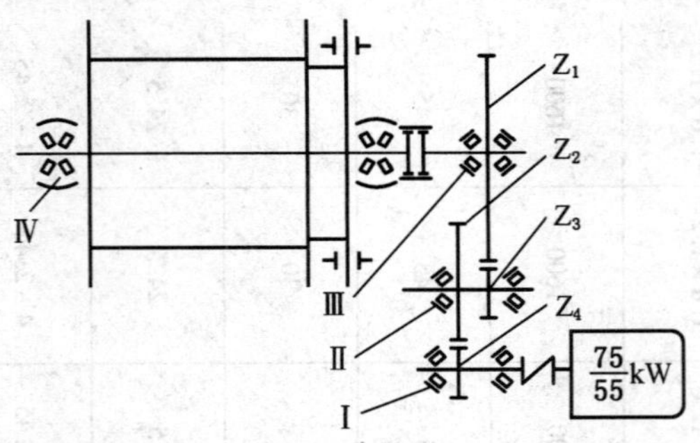

Z_1、Z_2、Z_3、Z_4—斜齿轮；Ⅰ、Ⅱ、Ⅲ—单列圆锥滚子轴承；
Ⅳ—双列向心球面滚子轴承

图4-6 JTPB-1200/1024（JTPB-1.2）型绞车的传动系统图

第三节 矿用防爆液压提升绞车

一、类型

矿用防爆液压提升绞车采用液压传动方式，是能用于有瓦斯及易燃易爆环境的一种提升绞车。

液压提升绞车按传动方式可分为全液压传动液压提升绞车和液压—机械传动液压提升绞车两类。

滚筒直径在1.2 m及以下的JTY型矿用防爆液压提升绞车主要有以下几种型号：JTY-1.2/1B、JTY-1.2/1.2B、JTY-1.2/0.8BS、JTY-1.2/1BS等。

二、基本组成及结构特点

1. 基本组成

防爆液压提升绞车由电动机带动主油泵产生高压油输出，以高压油为动力，推动液压马达把动力传递给绞车滚筒主轴，使之旋转。

防爆液压提升绞车的机械部分和一般绞车相同，由主轴装置、盘形制动闸、深度指示器、操作台和机座等组成；液压部分由液压马达、主油泵、副油泵、油箱、冷却器、滤油器、阀组等组成；电气部分由控制各种电气设备的起动器和操作保护两大系统组成。工作时，由笼型电动机驱动主油泵，使液压油产生液压能，通过液压马达又把液压能转变为机械能驱动滚筒进行提升。副泵系统主要作辅助泵，起制动、补油、控制和操作的作用。

2. 结构特点

防爆液压提升绞车一般由机械部分、液压部分和电气部分三大部分组成。它具有以下特点：

（1）采用液压无级调速技术，可在额定绳速范围内任意选定提升速度。

（2）盘形闸只用于终点定位和保险制动，性能可靠，闸块磨损少。

（3）绞车滚筒在低速液压马达直接驱动下工作，取消了笨重的减速器和调速电阻箱（若采用高速马达仍要减速器），使绞车体积小、质量轻。

（4）电控系统简单，全部采用标准防爆电器，适合在易燃易爆环境下运行。

（5）操作简单，只有一个操作手柄，有手动操作和远方操作两种方式，能改善绞车操作工的工作条件。

（6）安全保护装置比较齐全，性能可靠。

（7）液压元件制造精度和安装质量要求较高。

（8）必须保证液压油清洁和密封良好，否则将会堵塞阀件，造成误动作。

（9）必须保证有良好的液压油冷却条件，否则油温升高，将加大系统泄漏，产生噪声，并使运行不正常。

JTY－1.2/1B（BYT1.2×1.0）型防爆液压提升绞车外形如图4－7所示。

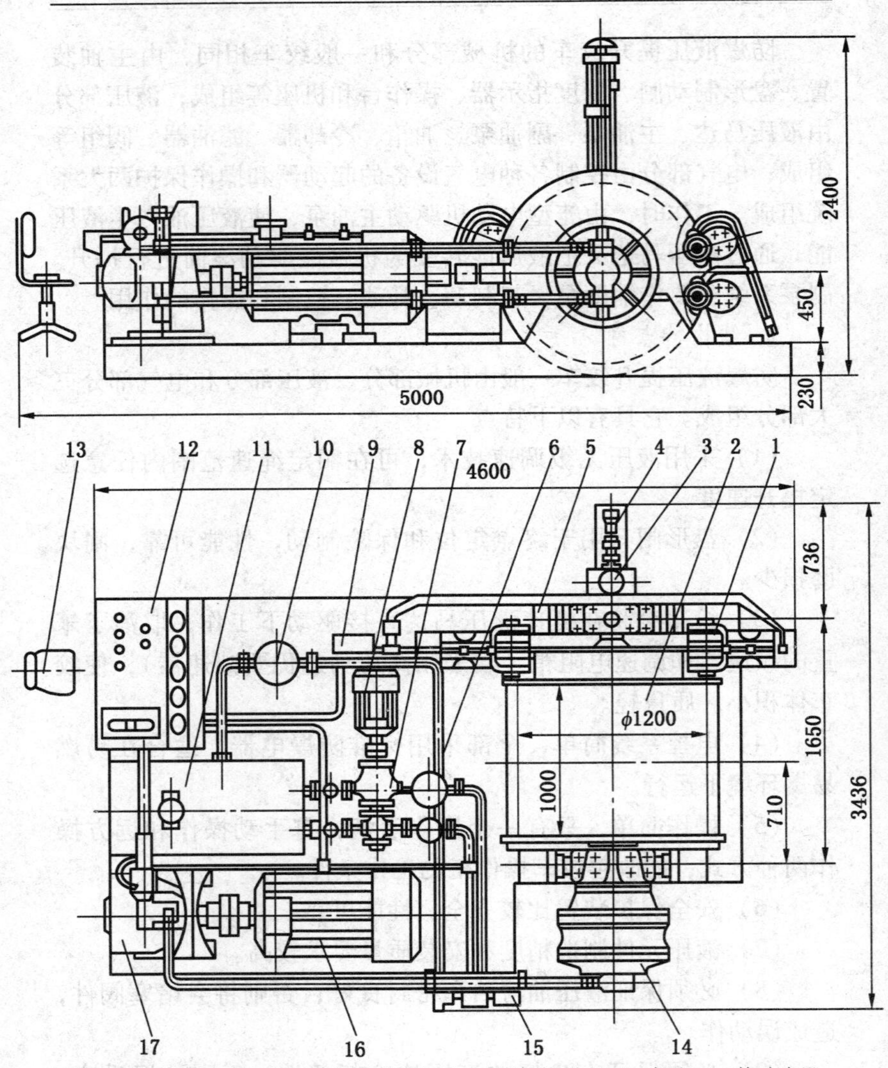

1—盘形闸；2—主轴装置；3—深度指示器；4—超速保护装置；5—机座；6—精过滤器；7—双联叶片泵（YYB－AC129/36B 型）；8—副泵电动机；9—防爆电磁铁；10—冷却器；11—油箱；12—操作台；13—座椅；14—液压马达（NJM－E10 型）；15—阀组；16—主泵电动机；17—轴向柱塞式主泵（1Z×B740 型）

图 4－7　JTY－1.2/1B（BYT1.2×1.0）型防爆液压提升绞车外形图

3. 工作原理

全液压传动液压绞车的工作原理如图4-8所示。防爆电动机1带动主液压泵2，使得与主液压泵2组成闭式回路的内曲线低速大扭矩液压马达3转动，液压马达3直接与绞车滚筒4连接，从而拖动绞车运转。当主液压泵2的输出油量增加、减少、为零或改变油流方向时，液压马达3也相应加快、减慢、停止或反转，从而驱动绞车滚筒实现加速、减速、停转或反转等工作。

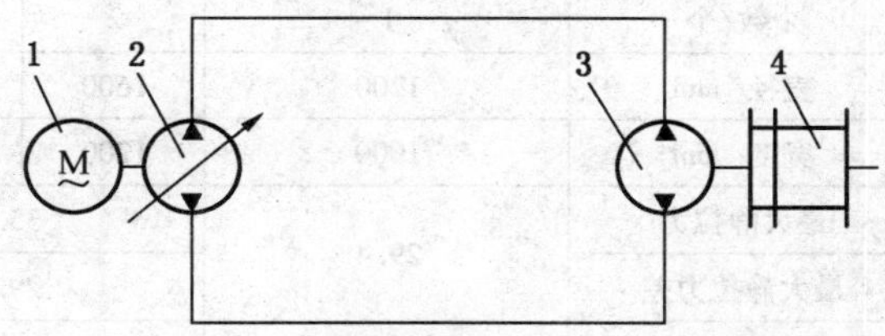

1—电动机；2—主液压泵；3—液压马达；4—绞车滚筒

图4-8　全液压传动液压绞车的工作原理

液压—机械传动液压绞车的工作原理如图4-9所示。笼型防爆电动机1带动主液压泵2，使得与主液压泵2组成闭式回路的高速轴向柱塞式液压马达3转动。液压马达3与行星轮减速器4连接，减速器又与绞车滚筒5连接。绞车的正反向运动靠改变液压泵出油的方向来完成，绞车的转速用改变液压泵输入到液压马达的油量大小来调节。

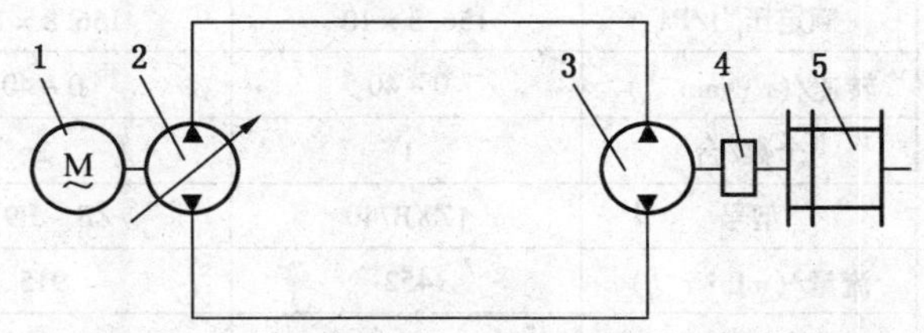

1—电动机；2—主液压泵；3—液压马达；4—减速器；5—绞车滚筒

图4-9　液压—机械传动液压绞车的工作原理

三、主要技术特征

矿用防爆液压提升绞车的主要技术特征见表4-3。

表4-3 矿用防爆液压提升绞车的主要技术特征

项 目	名称及单位	JTY1.2/1B	JTY1.2/1.2B	JTY1.6/1.2BS	JTY1.6/1.5BS
滚筒	个数/个	1		2	2
	直径/mm	1200		1600	1600
	宽度/mm	1000		1200	1200
负荷/kN	最大静拉力	29.4		35.1	
	最大静拉力差			29.4	
钢丝绳	直径/mm	20.5		24.5	
	破断力总和/kN	247		345	
	最大绳速/($m \cdot s^{-1}$)	2.5		3	
最大提升高度/m	一层	145	174	175	237
	二层	335	402	405	525
	三层	530	636	640	725
	四层	690	828	880	1130
液压马达	型号	NJM-E10		NJM-E10	
	公标排量/($L \cdot r^{-1}$)	10		10	
	额定压力/Pa	156.8×10^5		156.8×10^5	
	转速/($r \cdot min^{-1}$)	0~40		0~40	
	个数/台	1		2	
主油泵	型号	1ZXB740		ZB-H915	
	流量/($mL \cdot r^{-1}$)	452		915	
	额定压力/Pa	156.8×10^5		313.6×10^5	
	个数/台	1		1	

表4-3（续）

项 目	名称及单位	JTY1.2/1B	JTY1.2/1.2B	JTY1.6/1.2BS	JTY1.6/1.5BS
副油泵	型号	YYB-AG129/365 双联		YYB-BG194/49 双联	
	流量/($mL \cdot r^{-1}$)	129/36		194/49	
	压力/Pa	$343 \times 10^4/686 \times 10^4$		784×10^4	
	个数/台	1		1	
主电动机	型号	BJO_315S_1-6	BJO_2-92-6	BJO_355S-6	
	功率/kW	90	75	132	
	转速/($r \cdot min^{-1}$)	970	970	970	
	电压/V	380	660	660	
	个数/台	1	1	1	
副电动机	型号	BJO_252-6	BJO_252-6	BJO_261-6	
	功率/kW	7.5	7.5	10	
	转速/($r \cdot min^{-1}$)	980	980	970	
	电压/V	380	660	660	
	个数/台	1	1	1	

第四节 调度绞车和回柱绞车

一、调度绞车

1. 类型

调度绞车的型号主要有 JD-0.4（JD-4.5）、JD-1（JD-11.4）、JD-1.6（JD-22）、JD-2（JD-25）、JD-3（JD-40）、JD-4（JD-55）等。

2. 型号的含义

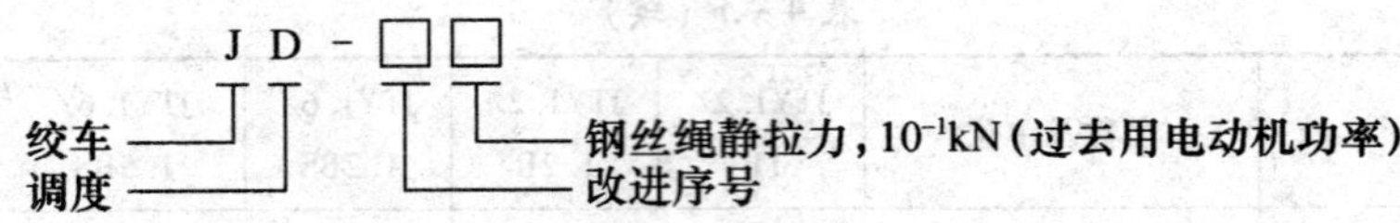

3. 特点

调度绞车是用来调度车辆及进行辅助牵引作业的一种绞车，常用于矿井巷道中拖运矿车及辅助搬运，也可用在采掘工作面、装车站调度空重载矿车。

调度绞车是一种全齿轮传动机械。齿轮传动系统又称为轮系。根据轮系传动时各齿轮轴线在空间的相对位置是否固定，可分为定轴轮系和周转轮系。定轴轮系又有外啮合圆柱齿轮传动和内啮合圆柱齿轮传动之分，而周转轮系又有差动传动和行星传动之分。调度绞车的传动齿轮既有内啮合圆柱齿轮传动，又有行星传动，因此调度绞车又称为内齿轮行星传动绞车。

4. 组成和传动原理

以 JD－11.4 型调度绞车为例，介绍调度绞车的组成及传动原理。

1）组成

JD－11.4 型调度绞车的主要组成部分为滚筒、制动装置、机座和电动机。其外形如图 4－10 所示。

2）传动原理

JD－11.4 型调度绞车的传动系统如图 4－11 所示。

该型号的绞车采用两级内啮合传动和一级行星轮传动。Z_1/Z_2 和 Z_3/Z_4 为两级内啮合传动，Z_5、Z_6、Z_7 组成行星传动机构。

在电动机 5 轴头上安装加长套的齿轮 Z_1，通过内齿轮 Z_2、齿轮 Z_3 和内齿轮 Z_4，把运动传到齿轮 Z_5 上，齿轮 Z_5 是行星轮系的中央轮（或称为太阳轮），再带动两个行星齿轮 Z_6 和大内齿轮 Z_7。行星齿轮自由地装在 2 根与滚筒固定连接的轴上，大内齿轮 Z_7 齿圈外部装有工作闸，用于控制绞车滚筒运转。

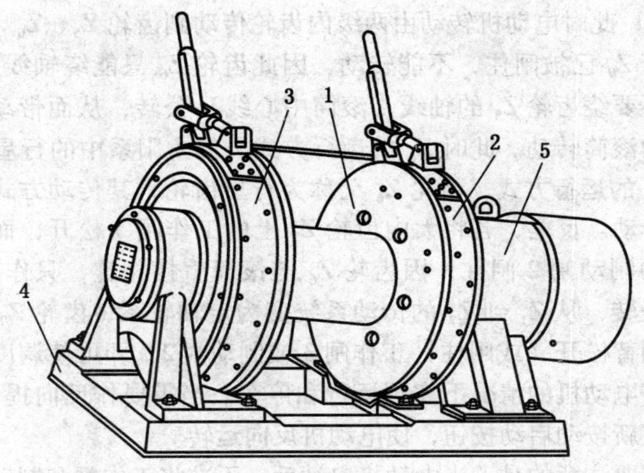

1—滚筒；2—制动闸；3—工作闸；4—机座；5—电动机

图 4-10　JD-11.4 型调度绞车外形图

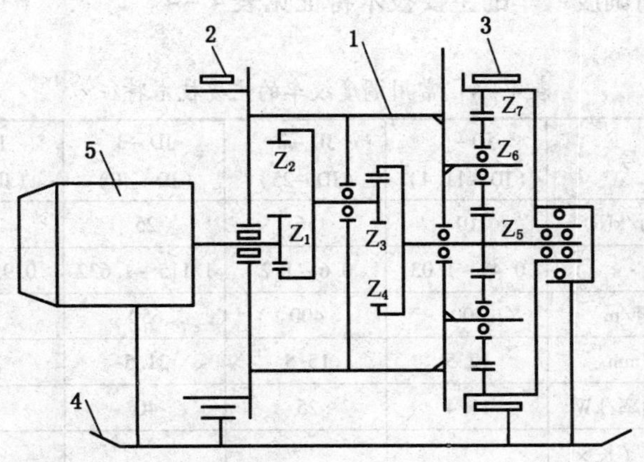

1—滚筒；2—制动闸；3—工作闸；4—机座；5—电动机；

$Z_1=17$；$Z_2=38$；$Z_3=Z_4=38$；$Z_5=17$；$Z_6=59$；$Z_7=135$

图 4-11　JD-11.4 型调度绞车的传动系统图

若将大内齿轮 Z_7 上的工作闸 3 闸住，而将滚筒上的制动闸 2 松开，此时电动机转动由两级内齿轮传动到齿轮 Z_5、Z_6 和 Z_7。但由于 Z_7 已被闸住，不能转动，因此齿轮 Z_6 只能绕轴线自转，同时还要绕齿轮 Z_5 的轴线（滚筒中心线）公转，从而带动与其相连的滚筒转动。此时 Z_6 的运行方式类似太阳系中的行星（如地球）的运行方式，齿轮 Z_6 又称为行星齿轮，其传动方式称为行星传动。反之，若将大内齿轮 Z_7 上的工作闸 3 松开，而将滚筒上的制动闸 2 闸住，因齿轮 Z_6 与滚筒直接相连，只作自转，没有公转，从 Z_1 到 Z_7 的传动系统变为定轴轮系，齿轮 Z_7 作空转。倒替松开（或闸住）工作闸 3 或制动闸 2，即可使调度绞车在不停电动机的情况下实现运行和停车。当需要作反向提升时，必须重新按动启动按钮，使电动机反向运转。

需要注意的是，当电动机启动后，不准将工作闸和制动闸同时闸住，这样会烧坏电动机或发生其他事故。

5. 常用调度绞车的主要技术特征

常用调度绞车的主要技术特征见表 4－4。

表 4－4　常用调度绞车的主要技术特征

型　号	JD－1（JD－11.4）	JD－2（JD－25）	JD－3（JD－40）	JD－4（JD－55）
牵引力/kN	10	16	25	44
绳速/($m \cdot s^{-1}$)	0.43～1.03	0.6～1.2	1.115～1.632	0.95～1.48
容绳量/m	400	400	650	850
绳径/mm	12.5	15.5	21.5	21.5
电动机功率/kW	11.4	25	40	55
外形尺寸（长×宽×高）/(mm×mm×mm)	1100×765×730	1350×1140×1190	1900×2350×1370	2250×1965×1425
机重/kg	550	1460	2800	3650

二、回柱绞车

1. 类型

常见回柱绞车的型号有 JH－5、JH－8、JH－14、JH－20、JH－22、JH－28 和双速绞车系列等。

2. 特点

回柱绞车又称为慢速绞车，是用来拆除和回收采煤工作面支柱的一种机械。把回柱绞车布置在距回柱空顶危险段较远的安全地段，用钢丝绳钩头拉倒和回收支柱。此外，还可用它拖运重物和调运车辆。

以 JH－8 型回柱绞车为例，介绍回柱绞车的结构特点。JH－8 型回柱绞车有如下特点：

（1）总减速比较大，能在电动机功率较小时，获得较大的牵引力。

（2）传动系统中都有一级减速比很大的蜗轮蜗杆传动机构，具备自锁功能，不会发生下放重物时拉动滚筒旋转的情况。

（3）具有整体结构，便于移动和安装，甚至可以用回柱绞车牵引力来牵引绞车本身移动。

（4）电气控制装置较简单，具备隔爆性能，可用于有瓦斯、煤尘的场所。

（5）因蜗轮蜗杆传动效率低，易造成发热和温升过高，因此必须重视润滑和维护。

3. 型号的含义

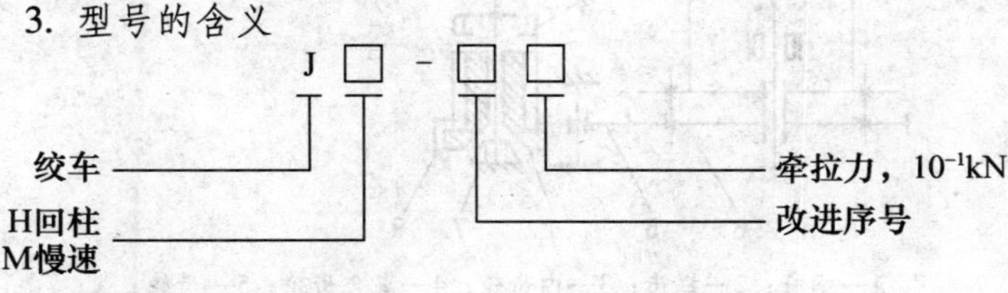

4. 组成和传动原理

以 JH－8 型回柱绞车为例，介绍回柱绞车的组成及传动原理。

1）组成

JH－8 型回柱绞车的主要组成部分为滚筒、电动机、底座、弹性联轴器、齿轮离合器、蜗轮减速器。其外形如图 4－12 所示。

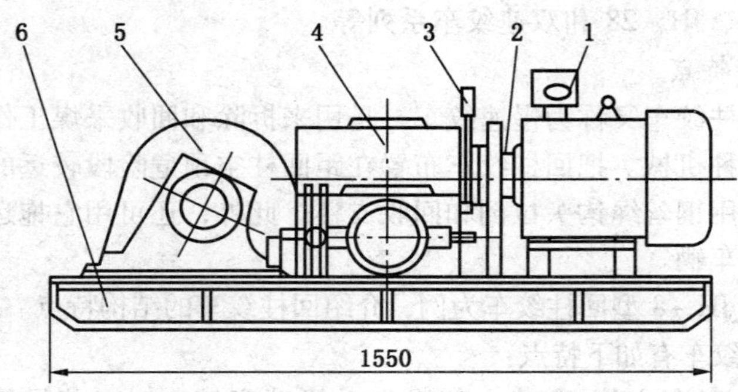

1—电动机；2—弹性联轴器；3—齿轮离合器；
4—蜗轮减速器；5—滚筒；6—底座

图 4－12　JH－8 型回柱绞外形图

2）传动原理

JH－8 型回柱绞车的传动系统如图 4－13 所示。

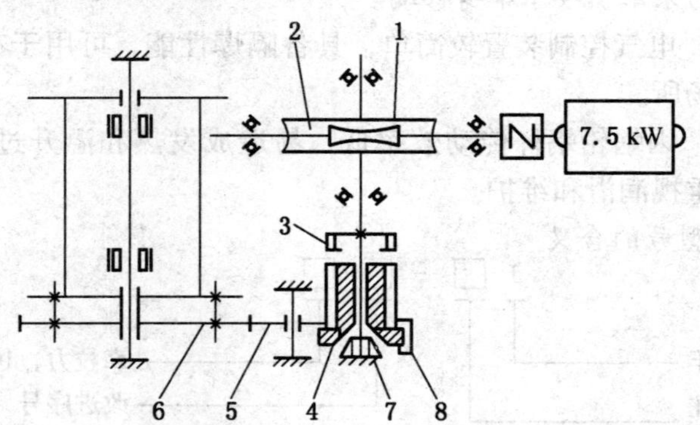

1—蜗杆；2—蜗齿；3—内齿轮；4—离合齿轮；5—齿轮；
6—大齿轮；7—锥面端盖；8—离合齿轮拨块

图 4－13　JH－8 型回柱绞车的传动系统图

该型号的回柱绞车设有离合齿轮4，与蜗轮轴上的内齿轮3啮合，起离合器作用。当支柱被拉倒后，可推动离合器手把，使离合齿轮4脱离内齿轮3，滚筒即可自由旋转，此时可以进行快速放绳。为了防止滚筒旋转过快，使钢丝绳散乱，可推动离合器手把至制动位置，使离合齿轮4的摩擦锥面与固定在蜗轮箱端面的端盖锥面接触，产生制动作用。

5. 主要技术特征

常用回柱绞车的主要技术特征见表4－5。

表4－5 常用回柱绞车的主要技术特征

型号	JH－8	JH－14	JH－20	JH－30
牵引力/kN	80	140	200	300
绳速/($m \cdot s^{-1}$)	0.10	0.11	0.124	0.13
容绳量/m	80	130	170	220
绳径/mm	15.5	22	24.5	31
电动机功率/kW	7.5	11/18.5	18.5/22	45
外形尺寸（长×宽×高）/(mm×mm×mm)	1600×530×670	2060×680×935	2560×968×797	3300×1075×1034
机重/kg	650	1450	2500	4460

三、矿用双速绞车

矿用双速绞车主要适用于煤矿井下回柱放顶，也可在运输、牵引中作运料、移溜槽等辅助工作。

1. 类型

矿用双速绞车主要有JHS型双速绞车和SDJ型双速绞车。常用的JHS型双速绞车有JHS－8、JHS－14、JHS－20等几种型号；常用的SDJ型双速绞车有SDJ－8、SDJ－20、SDJ－28等几种型号。

2. 特点

1）JHS 型双速绞车的特点

JHS 型双速绞车采用了球面蜗轮副传动，手动拨叉实现换挡调速，快速可达慢速的 5 ~6 倍，可提高工作效率，与传统的双速绞车相比，具有结构紧凑、体积小、噪声小、运转平稳、调速灵活、安全可靠、手动刹车、断电自锁等特点。

2）SDJ 型双速绞车的特点

SDJ 型双速绞车操作比较简单，启动前按照规定进行检查，根据提升要求，扳动调速手把，调整到需要的速度位置，按动按钮，即可实现绞车的整个动作过程。

3. 常用双速绞车的技术特征

（1）常用 JHS 型双速绞车的主要技术特征见表 4 -6。

表 4 -6　常用 JHS 型双速绞车的主要技术特征

型号	JHS -8（慢、快速）		JHS -14（慢、快速）		JHS -20（慢、快速）	
最大牵引力/kN	80	13	140	24	220	46
最小牵引力/kN	62.3	10.69	97	17	110	25
最大绳速/$(m \cdot s^{-1})$	0.103	0.69	0.14	0.78	0.18	0.87
最小绳速/$(m \cdot s^{-1})$	0.092	0.567	0.09	0.53	0.10	0.480
容绳量/m	100		200		250（340）	
绳径/mm	15.5		21.5		24.5（21.5）	
电动机功率/kW	7.5		15		22	
外形尺寸（长×宽×高）/（mm×mm×mm）	1856×612×816		2378×772×982		2680×970×1200	
机重/kg	845		1900		2960	

(2) 常用SDJ型双速绞车的主要技术特征见表4-7。

表4-7 常用SDJ型双速绞车的主要技术特征

型号		SDJ-8	SDJ-14	SDJ-20	SDJ-28	SDJ-32
牵引力/kN	慢速	98	140	196	280	320
	快速	13.622	21	28.9	32	44
绳速/(m·min^{-1})	快速	29.22~56.7	47.67~69.45	47.29~77.78	62.4~99.79	61.82~93.39
	慢速	3.95~7.66	7.29~10.63	5.88~9.67	7.78~12.45	7.58~11.45
容绳量/m		250	155	280	325	450
绳径/mm		17	21.5	24.5	26	31
卷筒尺寸(直径×宽度)/(mm×mm)		300×332	385×366	430×464	500×520	600×745
功率/kW		7.5	18.5	22	37	45
转速/(r·min^{-1})		970	970	970	970	980
电压/V		380/660	380/660	380/660	380/660	380/660
外形尺寸(长×宽×高)/(mm×mm×mm)		2120×660×700	2500×720×785	2880×875×935	3200×983×1116	3500×1230×1270
机重/kg		1000	2000	3000	4000	5500

第五节 无极绳绞车和差动变速绞车

一、无极绳绞车

1. 类型

常用的无极绳绞车有JW系列无极绳绞车和SQ系列无极绳绞车。

常用的 JW 系列无极绳绞车有 $JW_2$500/33、$JW_2$950/48、$JW_2$1200/60、JW1600/80、JW2100/100 等几种型号。

常用的 SQ－1200 系列无极绳绞车有 SQ－1200/22、SQ－1200/55、SQ－1200/55B、SQ－1200/75、SQ－1200/75B1、SQ－1200/75C 及 SQ－1400/110 等几种型号。

2. 特点

（1）无极绳运输设备简单，使用范围广泛。摘挂钩工人劳动强度大，轨道附属件多，倾斜运输中易发生跑车事故。

（2）无极绳绞车采用机械传动方式，结构紧凑，操作方便，可靠性高。

（3）系统配置方便灵活，可实现不同组合以适应各种工况条件的需求，适应性强。

（4）采用张紧装置钢丝绳，钢丝绳张力随牵引工况而变化，钢丝绳寿命长。

（5）采用导向轮分绳，避免钢丝绳咬绳，减少钢丝绳磨损。

（6）采用专用轮组压绳、托绳，可以适应起伏变化的坡道。

（7）在顺槽中实现连续运输，无须转载，提高了安全可靠性。

（8）尾轮固定简单，可以方便快捷地移动，实现运输距离变化。

（9）牵引车储绳量较大，可以减少钢丝绳的浪费。

3. JW 系列无极绳绞车的结构组成及传动原理

1）$JW_2$500/33 型无极绳绞车

这种无极绳绞车由电动机、联轴器、制动器、滚筒、减速器和底座等部分组成。其外形如图 4－14 所示。

（1）电动机：均使用防爆型电动机（15 kW）。

（2）联轴器：铸铁制成两圆盘件，木销用榆木制成。当绞车超载时，木销被折断，起安全保护作用。

（3）制动器：小型综合闸块式。

（4）滚筒：由铸铁滚筒体和白口铁滚筒皮两部分组成，它们之间用螺栓固定在一起，直接装在减速器输出轴上。

（5）减速器：一组圆锥齿轮，二组定轴齿轮，润滑方式为飞溅润滑。

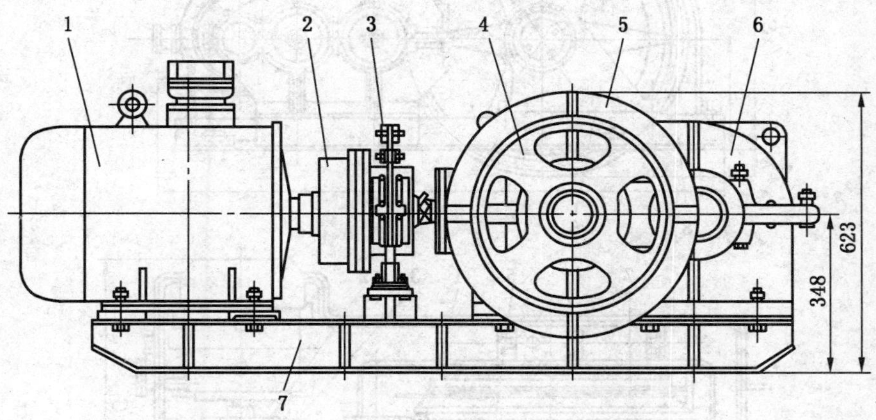

1—电动机；2—联轴器；3—制动器；4—滚筒体；5—滚筒皮；6—减速器；7—底座

图 4－14　$JW_2500/33$ 型无极绳绞车外形图

2）$JW_2950/48$、$JW_21200/60$、JW1600/80 型无极绳绞车

$JW_2950/48$、$JW_21200/60$、JW1600/80 型无极绳绞车由电动机、联轴器、制动器、减速器、开式齿轮、滚筒箱底座等部分组成（图 4－15）。

（1）电动机：均使用防爆型电动机。

（2）联轴器：与 $JW_2500/33$ 型无极绳绞车相似，只是各主要尺寸较大。

（3）制动器：采用脚蹬带式制动器，当制动闸皮磨损后，可调整连接制动带的螺母，控制闸皮与制动轮的间隙。

（4）滚筒：由铸铁滚筒体与白口铁滚筒皮两部分组成，它们之间用螺栓固定。一般在锥体筒上缠绕 3～4 圈钢丝绳，重车

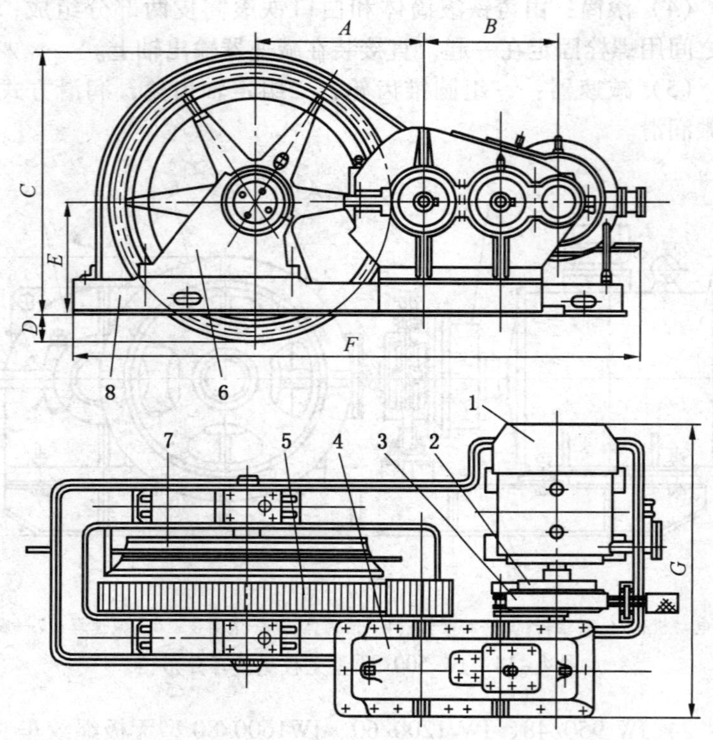

1—电动机；2—联轴器；3—制动器；4—减速器；
5—开式齿轮；6—轴承座；7—滚筒；8—底座

图 4－15　$JW_2950/48$、$JW_21200/60$、JW1600/80 型无极绳绞车外形图

绳从滚筒锥体大端卷入，沿轴线向小端滑动；空车绳从滚筒锥体小端离开。

3）JW 系列无极绳绞车的传动系统

JW 系列无极绳绞车的传动系统由 1 台 PM750 型减速器和一组外齿轮组成（图 4－16）。传动齿轮的技术参数及轴承技术规格，根据具体绞车型号的不同而有所区别。

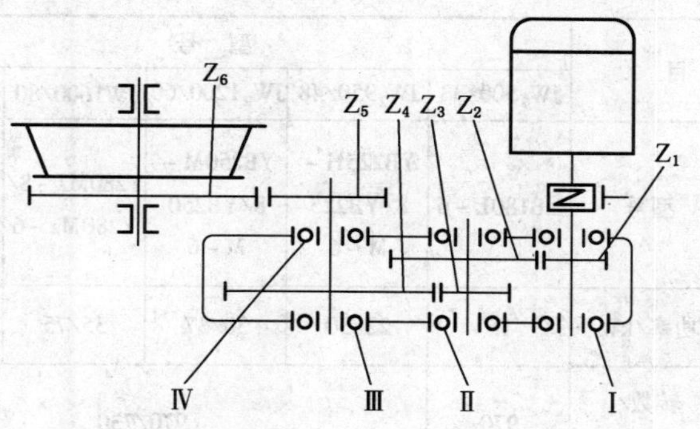

$Z_1 \sim Z_6$—齿轮；Ⅰ～Ⅳ—轴承

图4-16 JW系列无极绳绞车的传动系统图

4. 常用无极绳绞车的主要技术特征

（1）常用JW系列无极绳绞车的主要技术特征见表4-8。

表4-8 常用JW系列无极绳绞车的主要技术特征

项目		型号				
		$JW_2500/33$	$JW_2950/48$	$JW_21200/60$	JW1600/80	JW2100/100
牵引力/kN	最大静张力	12	25	35	60	120
	最大张力差	10	20	30	50	96
绳速/($m \cdot min^{-1}$)		72	45/60		45/60	
绳径/mm		12.5	18.5	21.5	27.5	33.5
滚筒规格/mm		500	950（大端）	1200（大端）	1600（大端）	2100
减速比		32.73	48	60	80	100

表4-8（续）

项目		型号				
		$JW_2500/33$	$JW_2950/48$	$JW_21200/60$	JW1600/80	JW2100/100
电动机	型号	YB180L-6	YB225H-8/YB225M-6	YB250M-8/YB250M-6	Y280M2-8/Y280Mz-6	JB125-6
	功率/kW	15	22/30	30/37	55/75	95/130
	转数/（$r \cdot min^{-1}$）	970	970/730			
外形尺寸（长×宽×高）/（mm×mm×mm）		1669.2×738×923	2060×1268×993	2568×1448×1320	3245×1720×1700	5585×3900×1605（地面部分）
传动方式		一组圆锥齿轮，二组定轴齿轮	二组定轴齿轮系减速器，一组外齿轮			
质量/kg		837	2642	3626	5020	17571

（2）常用SQ-1200系列无极绳绞车的主要技术特征见表4-9。

（3）无极绳绞车（连续牵引车）运输系统中常配用的牵引车的主要技术特征见表4-10。

5. 无极绳绞车（连续牵引车）直线运输

无极绳绞车（连续牵引车）直线运输是利用无极钢丝绳与绞车滚筒的摩擦力，驱动空、重矿车在水平或倾角不大于20°的矿井巷道中进行运输的系统。

表 4－9 常用 SQ－1200 系列无极绳绞车的主要技术特征

型 号	SQ－1200/22	SQ－1200/55	SQ－1200/55B	SQ－1200/75	SQ－1200/75B1	SQ－1200/75C	SQ－1400/110
绞车功率/kW	22	55	55（双速）	75（双速）	75（双速）	75（双速）	110（无极）
滚筒直径/mm	950	1200	1200	1200	1200	1200	1400
最大牵引力/kN	20	50	65	60	80	50	80
钢丝绳规格/mm	6股×19丝，ϕ18.0	6股×19丝，ϕ21.5	6股×19丝，ϕ21.5	6股×19丝，ϕ21.5	6股×19丝，ϕ21.5	6股×19丝，ϕ21.5	6股×19丝，ϕ23
绳速/(m·s^{-1})	0.8	1	0.67，1.12	1，1.7	0.67，1.12	1.2，2.0	0.2～2.3
外形尺寸（长×宽×高）/(mm×mm×mm)	1700×1325×1047	2400×1500×1480	2580×1668×1388	3000×1680×1600	2790×1668×1635	3582×1500×1660	3260×1480×1812
适用倾角/(°)	15	10	13	12	15	10	12
牵引质量/t	2(含平板车)	18(含平板车)	20(含平板车)	20(含平板车)	20(含平板车)	20(含平板车)	25(含平板车)
轨距/mm	600，900						
轨型	18 kg/m，22 kg/m，24 kg/m，30 kg/m						

表4-10 常配用的牵引车的主要技术特征 mm

规格		大滚筒 ϕ1200		小滚筒 ϕ900		加重型	
		900	600	900	600	900	600
外形尺寸	长	2700	2700	2700	2700	2700	2700
	宽	1300	1100	1300	1100	1300	1100
	高	1710	1710	1410	1410	740	740

钢丝绳从绞车前方滚筒上部进入，缠绕几圈摩擦圈，再从绞车滚筒下部向后出绳。绕过张紧轮和尾轮，呈无极封闭形，矿车在运动中摘挂钩。传动原理如图4-17所示。

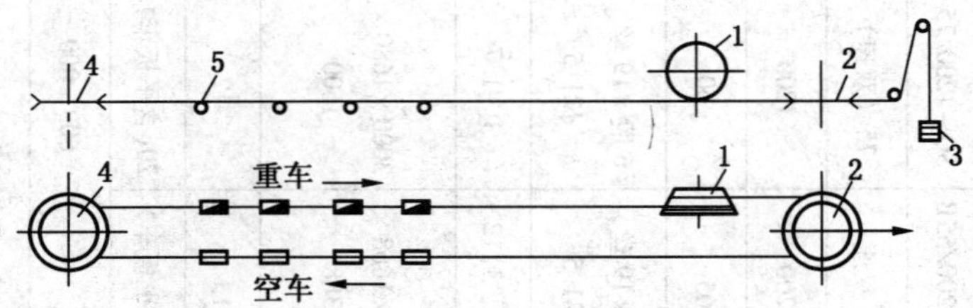

1—无极绳绞车；2—张紧轮；3—重砣；4—尾轮；5—托轮

图4-17 无极绳绞车（连续牵引车）的传动原理

二、差动变速绞车

差动变速绞车主要适用于有瓦斯和煤尘爆炸危险的矿井下，在提升、下放物料等作业时使用。

差动变速绞车采用主副2台电动机。主电动机为单速，副电动机为双速，2台电动机与差速器连接用靠背轮，均作制动轮，各有一套电磁铁调速闸。其减速器为两级减速，第一级齿轮能够变换齿数，并可互换。其中心距和第二级齿数保持不变，以满足两种绞车参数的要求。差速器采用行星浮动结构，以减少不平衡荷载。绞车加速过程是利用主电动机和副电动机正反快慢速度的加减叠加，使绞车速度逐挡调速至最大，减速过程与逐挡加速过程相反。

(1) 差动变速绞车型号的含义：

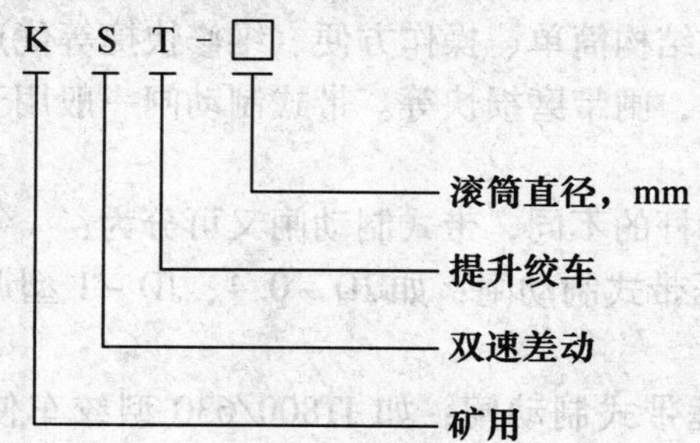

(2) 基本参数：

滚筒个数	1个
滚筒直径	1200 ~ 1600 mm
滚筒宽度	1200 mm
滚筒容绳量	880 m
最大静张力	3.9 ~ 4.4 kN
最大速度	2.45 m/s 或 2.6 m/s
钢丝绳直径	24.5 mm
电动机功率	主电动机 75 kW，8 极（单速）
	副电动机 40 kW 或 55 kW，4/8 极（双速）

第六节 绞车的安全装置

一、提升绞车的安全装置

（一）提升绞车的制动装置

1. 制动装置的形式及作用原理

绞车的制动装置又叫作制动闸，制动闸主要有带式制动闸、块式制动闸和盘式制动闸 3 种形式。

1）带式制动闸

带式制动闸主要由制动带和制动杆等部件组成。由绞车操作工手动操作（手把）或脚踏（踏板）使制动带抱紧制动轮进行制动。它具有结构简单、操作方便、维修快捷等优点。缺点是制动力矩受限制，闸带磨损快等。带式制动闸一般用于功率较小的绞车。

根据制动杆的不同，带式制动闸又可分为：

（1）手压带式制动闸：如 JD－0.4、JD－1 型调度绞车使用这种制动闸。

（2）重锤带式制动闸：如 JT800/630 型绞车使用这种制动闸。

（3）杆系带式制动闸：如 JM－14 型回柱绞车使用这种制动闸。

（4）手扳带式制动闸：如 JW 系列无极绳绞车使用这种制动闸。

（5）脚踏带式制动闸：如 JW 系列无极绳绞车使用这种制动闸。

手压带式制动闸外形如图 4－18a 所示，重锤带式制动闸外形如图 4－18b 所示。

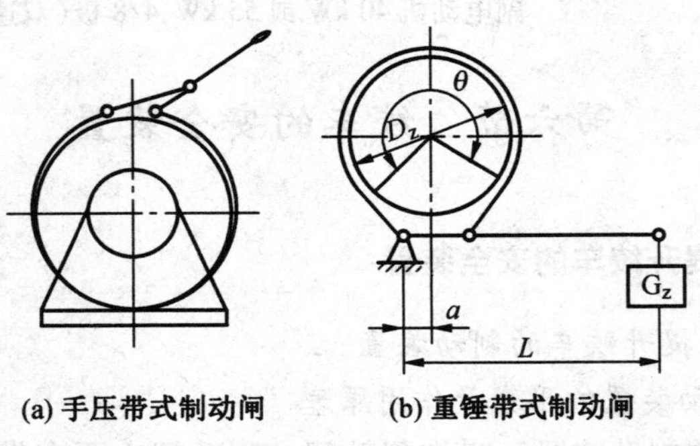

(a) 手压带式制动闸　(b) 重锤带式制动闸

图 4－18　带式制动闸外形图

2）块式制动闸

块式制动闸主要由木制闸块或合成闸块、连杆机构等部件构成。按结构的差异，块式制动闸可分为平移式、角移式和综合闸块式 3 种。

（1）平移块式制动闸。其优点是闸围包角大，因而制动力矩大，闸块磨损均匀；缺点是结构复杂，不易安装调整。平移块式制动闸外形如图 4－19 所示。

（2）角移块式制动闸。其优点是结构简单；缺点是制动力矩小，闸块磨损不均匀。角移块式制动闸外形如图 4－20 所示。

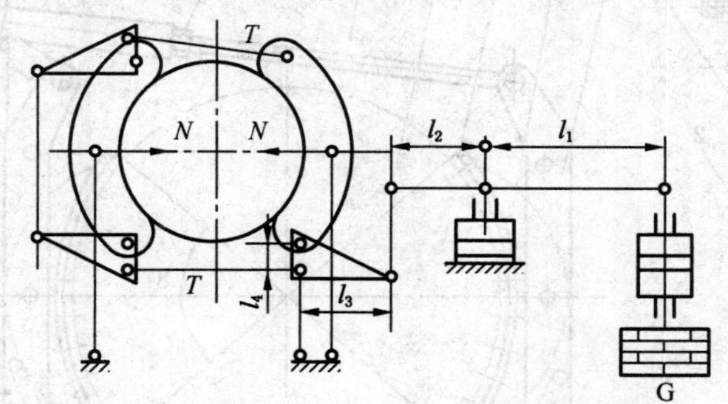

图 4－19　平移块式制动闸外形图

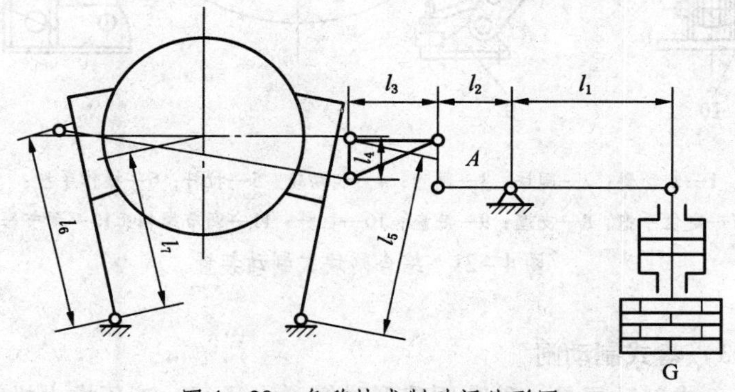

图 4－20　角移块式制动闸外形图

(3) 综合闸块式制动闸。从制动臂的移动方式来看，其属于角移式块式制动闸，但其上的闸块不是固定随制动臂作角移运动，而是铰接作平移运动，因此称为综合闸块式制动闸。这种闸的制动力矩较大，既能作制动闸，又能作保险闸，功率为 22 kW 以上的调度绞车及部分提升绞车均使用这种制动装置。综合闸块式制动装置如图 4-21 所示。

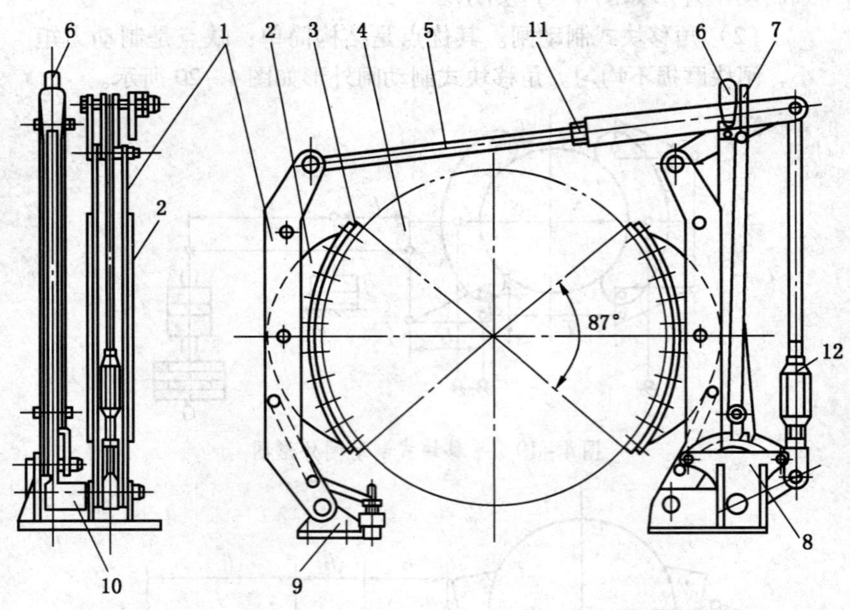

1—制动臂；2—闸块；3—闸带；4—制动轮；5—拉杆；6—操作手把；7—定位手把；8—支座；9—底座；10—杠杆；11—调节螺帽；12—调节器

图 4-21　综合闸块式制动装置

3) 盘式制动闸

盘式制动闸是一种利用碟形弹簧弹力紧闸，液压推力松闸的绞车制动装置。盘式制动闸的工作原理如图 4-22 所示。

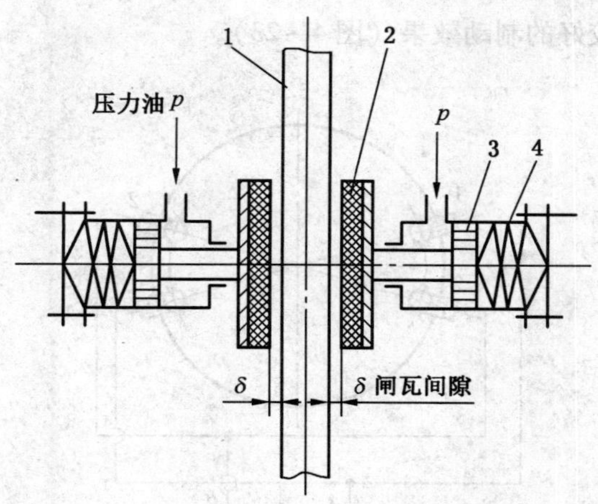

1—制动盘；2—制动块；3—活塞；4—碟形弹簧

图4-22 盘式制动闸的工作原理

制动时（压力油失压），在碟形弹簧4的张力作用下，迫使活塞3向前移动，推动制动块2压在滚筒上的制动盘1上，实现制动。需要松闸时，液压缸内充入压力油，压力油推动活塞向后移动，压缩碟形弹簧，并带动闸块离开制动盘，实现松闸。《煤矿安全规程》规定，盘式制动闸的闸瓦与制动盘之间的间隙应不大于2 mm。

绞车盘形制动闸的优点是：多副制动闸同时作用，制动可靠性高；用电液调压装置来调节制动力矩，操作方便，可调性好；可实现二级制动，惯性小，动作快，灵敏度高；质量轻，外形尺寸小；适用性好等。因而，目前应用比较广泛。其缺点是制造精度高，密封要求严格，并要设置一套油压系统等。

2. 绞车二级安全制动及其优点

绞车二级安全制动是指绞车进行保险制动时所需的全部制动力矩分两次投入，在保证制动力矩的前提下，适当延长制动时间，获得较好的制动效果（图4-23）。

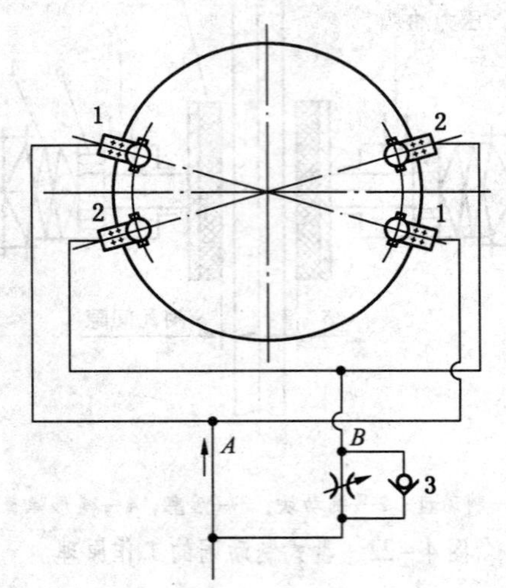

1——一级制动盘形闸；2—二级制动盘形闸；3—单向节流阀

图4-23 盘式制动闸二级制动油路

1）要求

对于速度快、提升动力大的提升绞车，在保险制动时，由于系统惯性很大，产生过大的减速度，会造成提升设备的损伤和对钢丝绳产生过大的冲击，因此应采用二级制动。

2）原理

二级制动可以用液压系统节流阀来调节，也可以用延时继电器等办法调节。

当绞车安全回路动作后，一组盘形闸立刻作用于闸盘，使提升系统产生符合《煤矿安全规程》规定的减速度，绞车平稳可靠地减速，实现第一级制动，然后经过一段时间的延时，另一组盘形闸再作用于闸盘，使绞车迅速停车，并处于安全静止的状态，实现绞车第二级制动。

3）优点

（1）减少停车时由于惯性引起的冲击，保证停车平稳。

（2）避免提升钢丝绳受猛烈冲击，延长钢丝绳的使用寿命。

（3）延时时间可以根据需要进行调整，并获得满意的效果。

（二）对绞车制动装置的有关规定和要求

1. 对带式制动闸的要求

（1）闸带（刹车带）与钢带连接应使用铜或铝质铆钉铆接，铆钉埋入闸带深度不小于闸带厚度的30%。闸带和钢带铆接后，应紧紧相贴，不得有皱折和拱曲现象，不得有间隙。钢带两头弯曲铆接后的铆钉头不得高于闸带厚度。

（2）带式制动闸安装到绞车后，闸带与闸轮的接触面积不小于闸带面积的70%。

（3）闸带使用后，不得有裂纹，闸带磨损余厚不小于4 mm。

（4）与闸带相连接的拉杆螺栓、叉头、闸把、销轴等零件不得有损伤或变形，拉杆螺栓应用背帽背紧。

（5）闸把及杠杆等应动作灵活可靠。对调度绞车而言，施闸后，闸把位置应不低于水平位置，适当保持略有向上倾角（30°~40°）的位置。

2. 对绞车制动闸间隙的要求

绞车松闸运行时，对其间隙应有严格要求。间隙过小或没有间隙，将使绞车运行阻力加大，增加电能消耗和闸瓦材料消耗；间隙过大，使制动空动时间（由保护回路断电时起至闸瓦接触到闸轮上的时间）增加，延迟保险制动时间。要求间隙为：平移式块闸不大于2 mm，角移式块闸在闸瓦中心处不大于2.5 mm，两侧闸瓦间隙差不大于0.5 mm，盘形闸不大于2 mm。

3. 对块式制动闸配重锤的要求

（1）重锤下部不得有任何支撑物顶住重锤。

（2）随时清扫重锤坑中的积水或杂物。

(3) 随时扶正偏离托盘正常位置的重锤，防止滑脱。

(4) 重锤的质量是根据制动力矩的规定经计算和试验确定的，使用过程中不得擅自增减。

(5) 日常维护必须保证重锤灵活可靠。

4. 对绞车制动闸操作手把行程的要求

操作台上有固定支撑架的工作闸操作手把，必须注意操作手把动作行程的要求。其目的是防止操作手把拉到施闸极限位置后，再无施加制动力矩的能力，使制动力矩不足而发生事故。

工作闸制动手把的工作行程应分为 3/4 工作行程和 1/4 储备行程。这是绞车操作工上岗接班后应检查的项目之一。同时，有些利用液压、气动等动力来进行制动的活塞、活塞杆、重锤、吊杠和连杆等，也不能运行到极限位置或受到阻挡，必须留有余地。制动手把位置如图 4－24 所示。

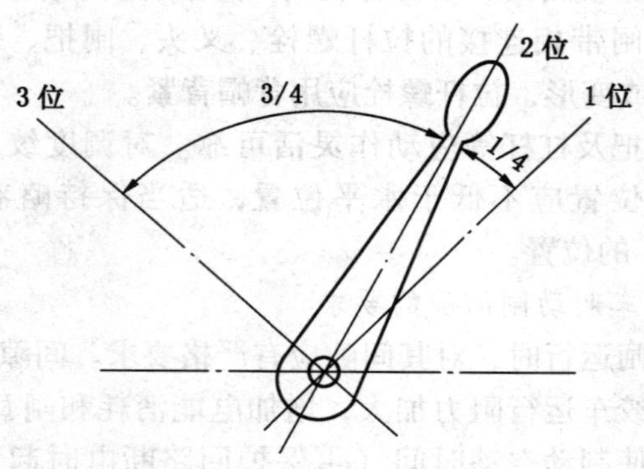

1 位～2 位—1/4 储备行程；2 位—紧闸位；2 位～3 位—3/4 工作行程

图 4－24　制动手把位置示意图

5. 对盘式制动器的检查与维护要求

按规定盘式制动器的闸瓦间隙不得超过 2 mm，一般调定在 1～1.5 mm 之间；其制动时的空动时间不得超过 0.3 s。

盘式制动器闸瓦间隙的调整通常是靠调整螺钉来实现的。调整螺钉越往里旋，则闸瓦间隙越小。每副制动器的闸瓦间隙应相等，以免影响制动力的分配。对于老式盘形闸，必须相应地调整返回弹簧，以免影响制动力矩。调整时，以保证闸瓦能迅速返回为宜。

在调整好制动闸的间隙后，应进行检查。常用的检查方法是塞尺法和压铅法。检查结果应符合上述规定。

盘式制动器闸瓦的厚度约为 15 mm。当闸瓦厚度磨损至 5 mm时，必须进行更换。同时要经常检查各密封处的“O”形密封圈，密封圈损坏，盘式制动闸溢流孔中渗油增多，应及时更换。

盘式制动器的碟形弹簧每使用 1 年或经过 5×10^5 次动作后，应对其疲劳程度进行一次检查。检查方法是：首先使盘式制动器处于全制动状态，再逐步向油缸内充入压力油，使制动油缸内油压慢慢升高，各闸瓦就在不同油压下慢慢松开，此时应记下不同闸瓦的松闸油压值，其中最高油压值（后开启闸的油压）与最低油压值（先开启闸的油压）之差，应不大于最大工作压力的 10%，否则应更换低压下开启的碟形弹簧。此外，当每副闸的开启油压差超过系统油压的 5% 时，应检查或更换低压下开启闸的碟形弹簧。另外，在平时的检查与维护时要注意防止油或水甩到制动盘上，使摩擦系数降低。最后，需要提醒绞车操作工注意的是：绞车制动装置的维修，包括闸瓦间隙的调整等，应由专门人员负责。同时，提升容器不得停放在能自动滑行的坡道上。确需停放时，必须用可靠的制动器将其稳住。

在操作或检查中发现上述问题后，要及时停车汇报等候处理，不得擅自对绞车制动装置进行维修和调整，更不准使有故障的绞车带病运转。

（三）提升绞车深度指示器

深度指示器是煤矿提升绞车的一个很重要的装置。它除了向绞车操作工指示提升容器在井巷（或井筒）中的相对位置外，其上还要安装一些保护装置，能对绞车进行过卷保护、限速保护及深度指示器失效保护等。

深度指示器主要有机械牌坊式、圆盘式和数字式3种。我国多数使用机械牌坊式和圆盘式深度指示器，而数字式深度指示器，只在个别引进的提升绞车上使用。

以常用的机械牌坊式深度指示器和圆盘式深度指示器为例，介绍其组成与工作原理。

1. 机械牌坊式深度指示器

机械牌坊式深度指示器由4根支柱13，2根丝杠5，2个限速圆盘15，数对齿轮和蜗轮副16等组成（图4－25）。

绞车主轴的旋转运动经传动系统传动给两根垂直丝杠5，带动装有指针的左旋梯形螺母14上下移动，通过标尺的刻度，指示出提升容器的位置。当提升容器接近停车位置时，通过凸块撞针9敲击信号铃10，同时在信号拉条7旁边的杆6上固定减速极限开关8，当信号拉条上的角板碰上减速极限开关8时，绞车就进行减速，直到停车。

当提升容器过卷时，左旋梯形螺母14上的碰铁就使过卷极限开关11动作，实现安全制动。

机械牌坊式深度指示器的优点是：指示直观清楚、工作可靠、维护方便，因而使用较为广泛。其缺点是：体积较大，不便于实现绞车的远距离控制。

2. 圆盘式深度指示器

圆盘式深度指示器的传动是通过减速器低速轴的带动实现的。传动装置上装有2个圆盘，并装有限速轮块和限速板。在提升容器接近地面井口减速位置时，圆盘上的撞块碰撞减速开关，使电铃发出声响信号。限速板上有防止过卷开关，可实现过卷保护。传动装置上装有发送自整角机，当转动时，可发出信号使装在深度指示器盘上的接收自整角机，传动齿轮带动指示针转动，

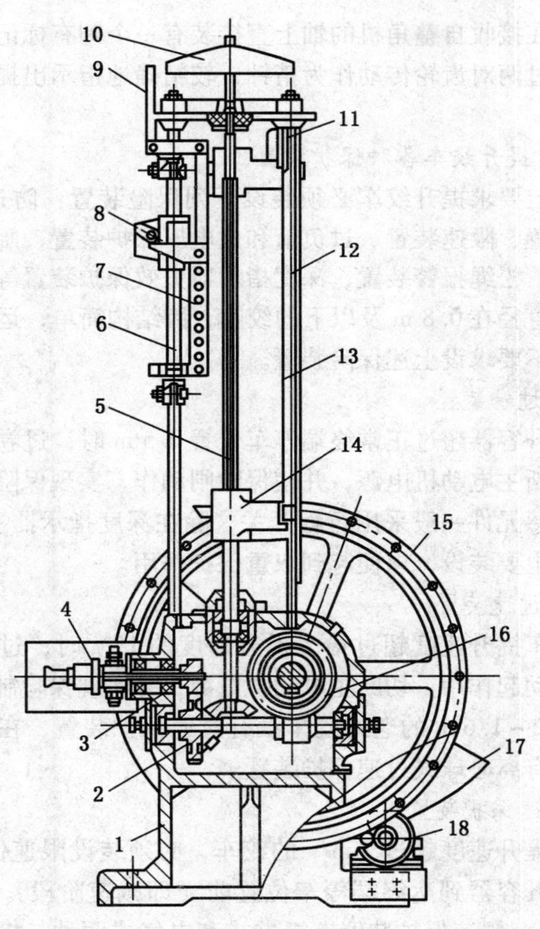

1—机座；2—伞齿轮；3—齿轮；4—离合器；5—丝杠；6—杆；7—信号拉条；8—减速极限开关；9—撞针；10—信号铃；11—过卷极限开关；12—标尺；13—支柱；14—左旋梯形螺母；15—限速圆盘；16—蜗轮副；17—限速凸板；18—限速自整角机装置（对角各一个）

图 4－25 机械牌坊式深度指示器

在圆盘上显示提升容器的相应位置。为了精确地指示出提升容器的位置，在接收自整角机的轴上直接装有一个刻有标记的有机玻璃罩，通过两对齿轮传动作为精针，较精确地指示出提升容器的位置。

（四）提升绞车各种保护装置

按规定要求提升绞车必须装设下列保险装置：防过卷装置、防过速装置、限速装置、过负荷和欠电压保护装置、闸瓦过磨损保护装置、松绳报警装置、深度指示器失效保护装置等。

滚筒直径在 0.8 m 及以下的绞车，因结构简单，运行速度较慢，一般不要求设上述保险装置。

1. 防过卷装置

当提升容器超过正常终端停车位置 0.5 m 时，过卷保护装置动作，切断主电动机电源，并使保险闸动作，实现保险制动。过卷装置传感元件一般采用行程开关，除在深度指示器上装设外，在井巷内也要装设，以便起到双重保护作用。

2. 防过速装置

当绞车提升速度超过最大提升速度的 15% 时，过速保护装置就会自动起作用，切断主电动机电源，并实现保险制动。滚筒直径为 1.2 ~ 1.6 m 的老式绞车没有过速保护装置，在防爆液压绞车上装有离心球式过速保护装置。

3. 限速保护装置

对于提升速度超过 3 m/s 的绞车，必须装设限速保护装置，以保证提升容器到达终端停车位置前（即减速阶段）的速度不超过 2 m/s。限速保护装置有机械式和电气式两种，机械限速保护装置结构较为复杂，灵敏度及准确度较差，因此目前主要采用电气限速保护装置。

4. 过负荷和欠电压保护装置

过负荷（即过电流）继电器直接串接在主电路或电流互感器二次电路中，当电动机或其他设备发生故障使电动机电流大于整定电流时（一般为额定电流的 3 倍），继电器动作便能切断电源，保证电气设备安全，避免事故扩大。欠电压保护装置在电源开关柜内，当电源、电压向下波动超过规定值时，能够使电源开关自动脱扣跳闸，实现安全制动。

5. 闸瓦过磨损保护装置

制动闸闸瓦过磨损后，会降低制动闸的制动力矩，甚至会使绞车制动失灵。此装置就是在制动闸上加上闸瓦磨损开关，其常闭触点串接于绞车安全回路中，当闸瓦磨损间隙超限时，则常闭触点断开，安全回路断电，实现绞车安全制动。

6. 松绳保护装置

斜巷绞车运行中因故障出现松绳，极易发生松绳冲击，即提升容器被卡阻导致暂停或慢行，而提升机却继续运转造成松绳，松绳后的提升容器又突然活动，快速下滑，很容易造成断绳跑车事故。松绳保护装置，就是在钢丝绳松弛时能发出声光信号报警或经延时后使绞车安全回路断开，实行安全制动的装置。缠绕式提升绞车必须设置松绳保护装置并串接于安全回路中。

7. 深度指示器失效保护装置

当深度指示器的传动系统发生断轴、脱销等故障时，能自动断电，并使保险闸动作，实现安全制动。

(五) 提升绞车操作台

小型绞车操作台常有下列指示仪表和操作开关。

1. 电流表和电压表

电流表和电压表用以指示绞车主电动机供电电压和运行中负荷电流情况。电压过低或过高不得强行开车，运行中电流表指针突然指向大数值或抖动，说明提升容器运行中受到卡阻，造成阻力增大或脱轨掉道及电气设备正处于危险的运行状态，应施行紧急保险制动。

2. 压力表

压力表包括气压表和液压表，用以监视供油、供气、供水、压力是否正常。压力过低，绞车不能正常运转；压力过高也不是一种正常状态，可能是绞车运行受阻，也可能是气、液系统不畅，需停车检查处理。

3. 温度表

温度表包括水温度表、油温度表和重要轴承温度表。温度过高可使绝缘老化速度加快，热交换性能变坏，润滑性能下降，甚至引起油液燃烧或爆炸事故。因此，温度过高时必须重视，及时采取降温措施。

4. 信号指示灯

各类红、绿信号灯可指示绞车各类设备和装置目前的工作状态，以便绞车操作工及时掌握设备的运行情况，还可起到对其他人员的警示作用。

5. 操作按钮

操作按钮供操作各种设备启动、停止或发送信号指令时使用。

6. 过卷恢复开关

深度指示器上和井巷内所设的过卷保护开关动作后，为了处理事故，使绞车临时恢复开车，就必须通过过卷恢复开关，使原来过卷保护开关在安全回路中的保护接点临时接通。待事故处理完毕后，过卷恢复开关必须解除，使原过卷保护开关仍起到过卷保护的作用。

7. 脚踏紧急制动开关

绞车运行中，发现紧急情况或收到紧急停车信号后，可脚踏此开关，使安全回路断电，实现紧急制动。

二、小绞车的安全装置

小绞车的制动装置有以下 3 种。

1. 电磁制动装置

电磁制动是使机器在很短的时间内停止运转并闸住不动的装置；制动也可在短期内用来降低或调整机器的远转速度。该装置具有结构紧凑，操作简单，响应灵敏，使用可靠，易于实现远距离控制等优点。

2. 电液制动装置

电液制动装置在使用过程中可始终保持两侧瓦块退距均等并且无须调整，可完全避免因退距不均使一侧制动衬垫浮贴制动盘的现象。

3. 手动制动装置

手动制动装置多用在功率较小的绞车上，如 JD－1 型调度绞车、JH－8 型回柱绞车等。

复习思考题

1. 矿用绞车是如何分类的?
2. 液压绞车按传动方式分为哪两类?
3. 试述防爆液压提升绞车的工作原理。
4. 什么是调度绞车的内齿轮行星传动方式?
5. 为什么不能将正在运转的调度绞车的工作闸和制动闸同时闸紧?
6. 回柱绞车主要有哪些特点?
7. 试说明无极绳绞车的工作原理。
8. 绞车二级安全制动的优点有哪些?

第五章 绞车运行安全技术

第一节 绞车安全操作规程及安全操作要求

一、绞车工操作规程

1. 一般要求

第1条 小绞车司机必须经过技术培训，考试合格，持证上岗。

第2条 小绞车司机必须了解本设备的结构、性能、原理、主要技术参数及完好标准等，并会一般性检查、维修、保养及故障处理。

第3条 必须了解绞车巷道的基本情况，如斜长、坡度、变坡地段、中间水平车场（甩车场）、支护方式及轨道状况、安全设施配置、信号联系方法、牵引长度及规定牵引车数等。

第4条 小绞车硐室（或安装地点）应挂有绞车岗位责任制和小绞车管理牌板（标明：绞车型号、功率、配用绳径、牵引车数及最大载荷、巷道长度、坡度等）。

第5条 必须执行“行车不行人，行人不行车”的规定并在斜巷上下口、中间水平车场等处安装斜巷语音报警装置。

第6条 小绞车司机必须穿工作服、扎紧袖口、集中精力、谨慎操作，不得擅自离岗，不做与本岗位无关的事情，行车时不准与他人交谈。

2. 开车前的检查

第7条 检查小绞车安装地点（硐室）顶帮支护必须安全

可靠，便于操作和瞭望，无杂物。

第8条 检查小绞车的安装固定是否牢固，用地锚或混凝土基础的绞车要检查地锚，基础螺丝有无松动、变位，目视查看滚筒中心线是否与斜巷轨道中线（提升中线）一致。安装在巷道一帮的绞车，其最突出部位应距轨道外侧不小于500 mm。

第9条 检查小绞车制动闸和工作闸（离合闸）。闸带必须完整无裂纹，磨损余厚不得小于4 mm，铜或铝质铆钉不得磨闸轮，闸轮磨损不得大于2 mm，表面光洁平滑，无明显沟痕，无油污。各部位螺栓、销、轴、拉杆螺栓及背帽、限位螺栓等完整齐全，无弯曲、变形。施闸后，闸把位置在水平线以上30°～40°即应闸死，闸的位置严禁低于水平线。

第10条 检查钢丝绳，要求无弯折、硬伤、打结、严重锈蚀。断丝不超限，在滚筒上的绳排列整齐，无严重咬绳、爬绳现象。余绳不得少于3圈，保险绳直径与主绳直径应相同，并连接牢固，有可靠的护绳板。

第11条 小绞车控制开关、操纵按钮、电动机、电铃等应无失爆现象。信号必须声光兼备，声音清晰，准确可靠。

第12条 试空车，可松开离合闸，压紧制动闸，启动绞车空转，应无异常响动和震动，无甩油现象。

第13条 通过以上检查，发现问题必须向区队值班人员汇报，处理好后方可开车。

3. *启动*

第14条 听到清晰、准确的信号后，首先应给红灯送电，向行人示警。闸紧制动闸，松开离合闸，按信号指令方向启动绞车空转。

第15条 缓缓压紧离合闸把，同时缓缓松动制动闸把，使滚筒慢转平稳启动加速，最后压紧离合闸，松开制动闸，达到正常的运转速度。

第16条 小绞车司机必须在护绳板后操作，严禁在绞车侧面或滚筒前面操作，严禁一手开车，一手处理爬绳。

第17条　下放矿车时，应与把钩工配合好，随推车随放绳，不准留有余绳，以免车过变坡点，突然加速损坏钢丝绳。

第18条　禁止两个闸把同时压紧，以免烧坏电动机。

第19条　如启动困难时，应查明原因，不准强行启动。

4. 运行

第20条　小绞车运行中，司机应集中精力，注意观察，双手不离闸把。如收到不明信号应立即停车查明原因。

第21条　注意小绞车各部位运行情况，如发现下列情况时，必须立即停车，采取措施，待处理后再运行。

（1）有异常响声、异味、异状。

（2）钢丝绳有异常跳动，负载增大或突然松弛。

（3）压柱有松动现象。

（4）有严重咬绳、爬绳现象。

（5）电动机单向运转或冒烟。

（6）突然断电或有其他险情时。

第22条　司机应根据载荷不同，斜巷的变化起伏，酌情掌握车速。严禁不带电放飞车。

第23条　接近停车位置，应先慢慢闸紧制动闸，松开离合闸，停电、停车。

第24条　上提矿车，车过上口变坡点后，司机应按信号及时停车，严禁过卷或停车不到位。

第25条　严禁超载、超挂、蹬钩、扒车。

第26条　处理矿车掉道，禁止用小绞车硬拉复位。

第27条　因事故或其他原因车辆在斜巷中停留时，司机应集中精力，注意信号；手不离闸把，严禁离岗。如需松绳处理事故时，必须由施工人员采取措施，将矿车固定好。

第28条　如在斜巷中施工，或运送支架以及超长、超大物件时，应按专项措施执行。

第 29 条 严禁拉空钩头，如需拉空钩头，必须有专人端扶钩头，绞车速度不大于 1 m/s。

二、无极绳绞车（连续牵引车）司机操作规程

1. 一般规定

第 1 条 无极绳绞车（连续牵引车）司机必须经专业培训取得合格证，方可上岗操作。

第 2 条 必须熟悉并遵守本规程的各项规定。本规程中未包括的内容，应按产品说明书等技术文件的规定执行。

第 3 条 了解设备的结构、原理、性能、主要技术参数、牵引能力及完好标准，并会一般性的检查、维修、保养及故障处理。

第 4 条 严格执行交接班制度和岗位责任制。

第 5 条 必须了解运行区段巷道的基本情况，如总长度、支护方式、巷道起伏变化情况、中间联络巷位置、巷道内其他设备（设施）布置、安全设施配置等情况。

第 6 条 无极绳绞车（连续牵引车）运输安装地点应挂有“技术操作规程”和司机岗位责任制牌板，严格执行信号规定。

第 7 条 运行范围内的信号装置、通信装置、警示装置、安全设施必须齐全、完好。

第 8 条 严格执行“行车不行人，行人不行车”的规定。

第 9 条 司机操作时必须精力集中，谨慎操作，不得擅自离岗，不做与本岗位无关的事情。暂时离开岗位时，必须切断电动机电源，并闸紧手动制动闸。

第 10 条 操作按钮、信号按钮要上盘上架，安设在便于操作的地点。

2. 准备工作

第 11 条 检查无极绳绞车（连续牵引车）安装地点（硐室）顶帮支护是否安全可靠，设备周围有无障碍物。

第 12 条　检查主机及张紧器安装固定情况，基础螺栓有无松动、变位，张紧器是否倾斜，滚筒中线是否与张紧器中心线一致。

第 13 条　检查主机制动闸（包括手动制动闸），闸带必须完整无断裂，磨损余厚不小于 4 mm，铆钉不磨闸轮，闸轮表面光洁平滑，无明显沟槽痕迹，无油污。各部位螺栓、销、轴、拉杆螺栓及背帽等完整齐全，无变形、弯曲。手动制动闸在未施闸时手把能够打到施闸方向的另一方，不能自动复位。施闸后，闸把位置应在小于全部行程 4/5 以内处于闸死状态。手动制动闸闸死状态下应不能自动松开。电液制动闸应在全行程 2/3 ~ 4/5 处将闸轮闸死。

第 14 条　检查滚筒绳衬。滚筒绳衬固定牢固，固定螺帽无松动。绳衬两侧边缘无明显钢丝绳爬绳痕迹。

第 15 条　检查张紧器。张紧器各连接件及两侧防护罩齐全、固定牢固。动滑轮、定滑轮及配重用滑轮转动灵活、无异常响动。两侧导绳轮固定牢固，绳槽磨损深度不超过 10 mm，轮缘无明显磨损。配重块导杆无弯曲，配重块放置水平，无倾斜、无卡滞。配重用固定钢丝绳无断丝，端头绳卡固定牢固。

第 16 条　检查 37 kW 无极绳绞车（连续牵引车）对轮销齐全、完好情况。

第 17 条　控制开关、操纵按钮、电动机及电液制动闸、声光信号器等应无失爆现象。信号必须声光兼备、声音清晰、准确可靠。

第 18 条　检查减速箱，减速箱无漏油、渗油现象。查看减速箱外侧的油标尺，油位应在标示红线以上。一般情况下，75 kW双速绞车减速箱快慢速挡位变换手把应处于慢速挡，手把闭锁销应进入闭锁销孔。

第 19 条　空车试运行，依据现场情况确定运行方向，进行空车试运转。打开手动制动闸，启动绞车空转，绞车司机要注意观察绞车的运转情况、张紧器的工作状态及钢丝绳的运行情况，绞车电动机、减速箱、滚筒、张紧器运转应无异常响声和震动。发现异常立即停车检查。

第 20 条　通过以上检查，如发现问题要及时汇报，处理好后方可开车。

3. 启动

第 21 条　听到清晰信号并确认无误后，开始运行。先打开手动制动闸，然后依信号指令方向启动绞车运转。

第 22 条　启动运转后，司机一只手要放置在停止按钮上，时刻准备停车操作。

第 23 条　如启动困难或有异常现象，应查明原因，不准强行启动。

4. 运行

第 24 条　运行中，司机要集中精力，注意观察张紧器及钢丝绳在滚筒上的排绳情况，手不离电源按钮，如收到不明信号应立即停车查明原因。

第 25 条　运行中，如发现下列情况时，必须立即停车，采取措施，待处理好后再运行：

（1）电动机转动响声出现异常或冒烟。

（2）钢丝绳有异常大幅度跳动，或突然大幅松弛。

（3）钢丝绳在滚筒上打滑或出现爬绳、咬绳现象。钢丝绳接头有翘起或断丝、破股现象。

（4）张紧器有异常现象。

（5）有其他异常响声、异味。

（6）突然停电或有其他险情时。

第 26 条　运转时禁止采用手动制动闸施闸。

5. 停车

第 27 条　当接收到停车信号时，立即停车，及时用手动制动闸施闸，使主机平缓减速到停止。

第28条　车场调车调整车辆位置时要依据信号，点动运行。

第29条　司机离开岗位时，必须切断电源。

6. 其他规定

第30条　严禁超载、超挂、蹬钩、扒车。

第31条　车辆出现掉道，严禁使用无极绳绞车（连续牵引车）硬拉复位。大件车辆出现掉道按专项措施执行。

第32条　75 kW双速无极绳绞车（连续牵引车）变换快慢速挡位必须在电动机完全停止运转的情况下进行。如挡位一次打不到位，可将手把恢复到原挡位，点动绞车，然后重复换挡操作，直到换挡闭锁销插入直向销孔。严禁挡位手把打不到位开车。

第33条　严禁在运行过程中变换挡位。

第34条　运送支架等超宽、超重、超高物件时，按专项措施执行。

除绞车操作工岗位责任制、交接班制、操作规程外，根据《煤矿机电设备质量标准化标准》要求，提升绞车管理工作还应有要害场所管理制度、干部上岗查岗制度等。

根据不同绞车的情况，还应有巡回检查制度、设备维修包机制度、提升钢丝绳及连接装置定期检查制度、机电事故分析追查制度、专业性的小绞车管理制度等。

三、绞车对拉方式操作要求

第1条　开车前，检查绞车制动闸及离合闸，必须保证完好。平闸把，施闸后，闸把位置在水平线以上即应闸死，严禁闸把位置低于水平线；竖直闸的工作行程为全行程的2/3～4/5。

第2条　开车前检查绞车固定是否平稳牢靠，钢丝绳及钩头是否有打结、压伤、严重锈蚀、断丝超限，以及钢丝绳在滚筒上的排列是否整齐，有无咬绳、爬绳现象，发现问题及时处理。

第3条　绞车送电前必须检查绞车闸把是否拉到制动位置，

离合闸把是否处于松开位置，否则不准挂车与送电。

第4条 试空车，可松开离合闸，压紧制动闸，启动绞车空转，应无异常声响和震动，无甩油现象。

第5条 最大坡度超过10°的巷道，不准使用对拉方式运输。在坡度起伏巷道使用绞车对拉方式时，两台小绞车必须是同型号绞车。

第6条 绞车必须有声光语音联络信号，声音清晰、准确可靠；司机听清回铃信号后，再发出开车信号方可开车。

第7条 必须执行“一声停、二声拉、三声松”的信号编码，行车前应通过语音通信进行行车联系，行车信号以主动绞车信号为准。

第8条 对拉方式的主动绞车和从动绞车在运行期间，司机必须集中精力，手不得离开离合闸把和制动闸把，严禁一手开车，一手处理爬绳、咬绳。需要处理爬绳、咬绳时，必须与其对拉绞车司机联系好，停车处理。

第9条 开车过程中出现异常声响、收到不明信号、钢丝绳异常跳动、负载突然增大等现象时，必须立即向司机发出停车信号，并停车，查找原因，进行处理。

第10条 司机必须站在绞车挡板后操作。

第11条 必须带电运输，严禁不带电放飞车，严禁反送电制动。

第12条 运输作业结束，应做到平稳减速停车，钢丝绳不留余绳，不受力。

四、绞车安全操作要求

1. 一般要求

(1) 绞车操作工必须熟悉所操作绞车各部分的结构、性能、工作原理及操作方法，熟悉联系信号，会一般性的检查、维修、润滑和保养，会处理常见故障。

(2) 绞车操作工必须了解斜巷长度、坡度、变坡地段，中间水平车场（甩车场）、巷道支护方式、轨道状况、安全设施配置及规定牵引车数（牵引能力）。

(3) 当班操作工必须头脑清醒、精力充沛，精神萎靡或有视听障碍者不得上岗。

2. 齿轮传动式绞车安全操作要求

1) 开车前的检查

(1) 检查绞车各连接件和锁紧件是否齐全，螺帽、销子等有无松动、脱落，特别要注意检查基础螺栓和轴承座固定螺栓的紧固情况。

(2) 检查各制动装置的操作机构和传动杆件的动作是否灵活可靠，制动轮与闸瓦的间隙是否符合规定，施闸时操作手把的行程不得超过全行程的3/4。

(3) 检查深度指示器指示是否准确，检查过卷、超速、过电流和欠电压、减速警铃、脚踏开关等保护装置的动作是否灵敏可靠。

2) 运行中的注意事项

(1) 必须看准、听准声光信号，信号不清或没有听清不得开车。

(2) 启动时，控制器手把向后扳动，同时将制动闸逐步松闸，随着绞车的加速，将常用手把和控制器手把逐步扳到最大位置，严禁1次性过猛扳到最大位置。

(3) 绞车运行中，操作工不得与他人交谈。

(4) 上提停车时，应先逐步前推控制器，后扳制动闸，逐步把制动闸扳紧。

(5) 下放停车时，应先逐步扳回制动闸，后拉控制器，使控制器手把拉到零位，直到把绞车停稳。

(6) 运行中，要密切注视各种仪表、指示灯、深度指示器及钢丝绳的排列和松绳情况，注意绞车各部位有无异常响声和异常气味，发现异响、异味、异状应立即停车检查。

（7）严禁绞车在不带电的情况下松闸下放重物。

（8）一般情况下，不允许使用保险闸制动，只有在下列情况之一时方可使用保险闸：①绞车长时间停止运转；②电动机过负荷或线路断电；③提升容器过卷；④绞车运转不平稳，钢丝绳打卷，电流急剧增加；⑤绞车机构损坏；⑥有碍人身安全。

特殊情况使用保险闸后，必须对钢丝绳、绞车部件等进行认真检查，排除故障后，方可恢复开车。

3）停车后的注意事项

（1）绞车正常停车后，各种手把都应放到零位；长时间停车或司机离开操作台时，必须切断电源，闸住保险闸。

（2）司机停车后，应经常检查绞车各部件情况，发现问题及时处理，处理不了的应及时汇报。

（3）下班前，必须如实填写运转日志，坚持在现场进行交接班。

3. 防爆液压绞车安全操作要求

1）开车前的检查

（1）检查绞车各连接件和锁紧件是否齐全紧固。

（2）油箱油位不得低于油标规定的高度，检查油箱前的两个球阀是否处于开启位置。

（3）检查冷却水是否畅通，水压不得低于0.3 MPa。

（4）检查各液压元件、管路接头有无漏油现象。

（5）检查操作台操作手把是否处于零位，转动是否灵活。

（6）检查压力阀是否打开，行程应为10 mm。

（7）检查深度指示器指示是否准确，过卷过放开关、紧急脚踏开关是否灵敏可靠。

（8）检查声光信号设备是否完好、信号是否清晰。

（9）送电后，电压表应显示正常电压。

（10）油温表读数应符合使用要求。

2）运行中的注意事项

（1）必须按下列顺序开车和停车：

开车：先开辅助泵，后开主泵。

停车：先停主泵，后停辅助泵。

（2）盘式制动闸的松闸与施闸的要求：

松闸：操作手把位于中间位置，紧握手把上的鸭嘴把，提起拉杆，打开行程调节器，制动液压缸充油，盘式制动闸松闸。

施闸：松开手把上的鸭嘴把，使手把回到零位，行程调节阀在弹簧作用下被关闭，盘式制动闸因失油而施闸。

（3）听清开车信号后，将操作手把缓慢推向前（或向后拉），不可用力过猛；深度指示器指示到停车位置时，操作手把再缓慢回到零位；滚筒停止后，放松鸭嘴把，绞车即被制动。

（4）绞车运转中随时观察各压力表的指示压力，发现异常及时停车，查明原因，进行处理。

（5）运行中出现矿车脱轨掉道事故时，应及时停车，按复轨措施用复轨器（或千斤顶）处理上道后再运行，确实需要拉车复轨时，操作要缓慢平稳，当油压超过额定压力时，不允许强拉；非紧急情况不得使用紧急制动开关；如遇突然停电或紧急情况而使用紧急制动开关停车后，应对承受猛烈拉力的一段钢丝绳等受力部位进行检查，确认无误后，方可继续运行。

（6）绞车运行中，司机应集中精力，注视信号、深度指示器及各仪表，手不离开操作手把，不与他人交谈。

（7）严禁在不带电、不供油的情况下下放车辆。

3）停车的注意事项

（1）绞车需较长时间停车时，应将操作手把放到零位，先停主泵，待主泵完全停止后，再停辅助泵，最后切断电源。

（2）停车期间操作工必须巡回检查绞车各部位有无异常现象，各轴承、电动机及液压油温度是否过高；轴承温度一般不超过 60 ℃，电动机温度一般不超过 70 ℃，油箱液压油温度一般不超过 55 ℃。

（3）操作工必须在现场进行交接班，并如实填写运转日志。

4. 斜巷调度绞车安全操作要求

1）开车前的检查

（1）检查调度绞车周围顶帮有无异常情况，绞车固定是否牢靠，清除杂乱异物，便于观察。

（2）检查绞车制动闸和工作闸，闸带必须完整无裂纹，磨损余厚不得小于 4 mm，铜或铝铆钉不得磨闸轮，闸轮表面应光洁平整，无明显沟痕，无油污；各部位螺栓、销、轴、拉杆螺栓及背帽、限位螺栓等应完整齐全；施闸后，闸把位置在水平线以上即应闸住，综合块式制动闸手把工作行程不得超过全行程的 3/4 即应闸住。

（3）检查钢丝绳：要求无弯折、硬伤、打结和严重锈蚀，直径符合要求，断丝不超限，在滚筒上应排列整齐，无严重咬绳、爬绳现象；缠绕绳长不得超过规定允许容绳量；保险绳直径与主绳直径应相同，并连接牢固；绳端连接装置应符合《煤矿安全规程》规定；绞车应有可靠的护绳板。

（4）检查绞车的控制开关、操纵按钮、电动机、电铃等应无失爆现象；信号必须声光兼备，声音清晰，准确可靠。

（5）空车启动时，应无异响和震动，无甩油现象。

（6）通过以上检查，发现问题必须处理好后方可开车。

2）启动

（1）听到清晰、准确的信号后，首先应打开红灯，向行人示警；闸紧制动闸，松开离合闸，按信号指令方向启动绞车空转。

（2）缓缓压紧离合闸把，同时缓缓松开制动闸把，使绞车滚筒慢转，平稳启动加速，最后压紧离合闸把，松开制动闸，达到正常运行速度。

（3）操作工必须在护绳板后操作，严禁在绞车侧面或滚筒前面操作；严禁一手开车，一手处理爬绳。

(4) 下放矿车时必须反转电动机，与把钩工配合好，随推车随放绳，不准松绳，以免车过变坡点突然加速挣断钢丝绳，更不得无电放飞车。

(5) 工作中禁止两个闸把同时闸紧，以防烧坏电动机。

(6) 如遇启动困难时，应查明原因，处理好后再开车，不准强行启动。

3) 运行

(1) 绞车运行中，操作工应集中精力，注意信号，观察钢丝绳，手不离闸把，如收到不明信号应立即停车，查明原因。

(2) 绞车运行中，操作工不得与他人交谈。

(3) 注意绞车各部分情况，如发现下列情况时，必须立即停车，采取措施，待处理好后再运行。

①有异响、异味、异状。

②钢丝绳异常跳动，负载增大或突然松弛。

③稳定绞车支柱有松动现象。

④有严重咬绳、爬绳现象。

⑤电动机单向运转或冒烟。

⑥突然停电或有其他险情时。

4) 停车

(1) 接近停车位置，应慢慢闸紧制动闸，同时逐渐松开工作闸，使绞车减速，听到停车信号后，闸紧制动闸，松开工作闸，停车、停电。

(2) 上提矿车，车过上端变坡点后，操作工应停车准确，严禁过卷或停车不到位。

(3) 正常停车后（指较长时间停止运行），应关闭语音报警器；操作工离开岗位时，必须将供电开关停电并闭锁。

5) 其他要求

(1) 严禁超载挂车、蹬钩、扒车，行车时严禁行人、作业。

（2）矿车掉道，应使用专用复轨器复轨，禁止用绞车硬拉上道。

（3）因处理事故或其他原因车辆在斜巷中停留时，司机应集中精力，注意信号，手不离闸把，严禁离岗；如需松绳处理事故时，必须由施工人员采取措施，将车锁牢在轨道上。

（4）如在斜巷中施工，或运送支架以及超长、超大物件时，应制定专项提升措施，确保安全。

5. 回柱绞车安全操作要求

1）开车前的检查

（1）检查回柱绞车附近的顶帮有无变化。

（2）检查绞车固定是否可靠。

（3）检查绞车各部位螺栓、销子等有无松动、脱落等情况。

（4）检查操作按钮是否完好，是否符合防爆要求；信号装置是否清晰、可靠。

（5）检查钢丝绳的磨损、断丝情况是否超过规定。

（6）检查钢丝绳运行范围内是否有人。

2）运行中的要求

（1）开车前必须先松开手闸。

（2）绞车运行中，司机必须精神集中，注意信号，注意与回柱工之间的密切配合，信号不清不能开车。

（3）注意观察绞车各部位的运转情况，如电动机声响、钢丝绳缠绕情况、减速器温度（不得超过 60 ℃）、电动机外壳温度（不得超过 70 ℃）等。

（4）绞车运行中，司机必须坚守岗位，不得离开绞车，必须时常注意顶板及绞车的固定情况以及钢丝绳的受力情况，发现异常，立即停车处理。

3）停车后的要求

停车后要将供电开关停电闭锁。

6. “一严、二要、三看、四勤、五不走”

绞车操作严格执行“一严、二要、三看、四勤、五不走”。

一严：严格执行《煤矿安全规程》、操作规程和作业规程。

二要：要手不离操作手把；要坐姿端正，精力集中，不在绞车运行时替换司机。

三看：启动看信号、运行方向、绳在滚筒上的排列情况，做到启动准确平稳；运行看仪表、深度指示器，做到运行平稳；停车看深度指示器，做到停车准确，一次到位。

四勤：勤听、勤看、勤摸、勤检查。

五不走：当班情况交不清不走；任务完不成不走；设备和机房清洁卫生搞不好不走；有故障能排除而未排除不走；未经接班者交接签字不走。

7. “六不开”“五注意”

绞车操作中“六不开”“五注意”的具体内容如下。

六不开：绞车不完好不开、钢丝绳打结断丝或磨损超限不开、安全设施及信号设施不齐全不开、超挂车辆不开、信号不清晰不开、“四超”车辆无运输措施不开。

五注意：注意电压表、电流表等指示是否正常；注意制动闸是否可靠；注意深度指示器指示是否准确；注意钢丝绳排列是否整齐，摩擦绞车钢丝绳受力是否一致；注意润滑系统是否正常。

五、绞车操作工岗位责任制

（1）上岗人员应熟悉本职业务，钻研技术，做到“三知四会”（知设备结构原理、知技术性能、知安全装置的作用；会操作、会维护、会保养、会排除一般故障）。

（2）上岗人员必须精神饱满，精神不振或酒后以及视力有障碍、患有职业禁忌病的人员严禁上岗操作。

（3）必须持证上岗，坚守工作岗位，不得擅离职守。

（4）绞车运行前必须仔细检查，尤其对安全保护装置和仪器、仪表更应重点检查试验，发现问题及时处理，不能处理的应及时汇报。

（5）绞车运行中，司机必须精力集中，谨慎操作，不得与他人交谈、嬉戏打闹，操作时应手不离操作手把，严禁在设备没有完全停稳时就在操作台上替换操作工。

（6）绞车操作工必须听清、看准信号后方可启动或停止绞车，对于绞车运行中的非正常信号或故障，必须立即停车，查明原因，排除故障后，再继续开车。

（7）与把钩工配合，严格执行“行车不行人，行人不行车”的规定。

（8）认真填写运转记录、检查记录、检修试验记录和交接班记录。

（9）保证本岗位的各种设备、备品、配件、工具、器材等齐全完好，保持硐室及设备清洁、整齐。

六、绞车操作工交接班制度

（1）交接双方必须按规定时间在工作现场交接班。

（2）交班者必须将当班绞车运转情况、出现的问题及需要接班者注意的事项向接班者交代清楚，交班者能处理的问题应由交班者处理，不能处理的，要及时汇报，并做好记录。

（3）必须将本岗位的设备、材料、工具、器材、备品、配件等交接清楚。

（4）交接双方应按正常巡回检查路线和项目共同进行一次实地巡回检查，发现问题，及时填入交接班记录中，并向领导汇报，以便尽快处理。

（5）交接双方应共同操作绞车 1 ~ 2 次，体验绞车运行情况，确认无误后，方可正式交接班。

（6）接班者如认为一些重要的安全问题未交代清楚，可以拒绝接班，但必须及时报告单位领导裁决；接班者也不得无故拒绝接班。

(7) 交班不交给无合格证者或酒后、精神不正常的人，非当班绞车操作工交代情况可不接班。

(8) 接班者因故未按时到岗，交班者不得擅离岗位，应及时向领导汇报，经同意后并做好善后处理，方可离开工作岗位。

(9) 双方认为交接清楚后，应在交接班记录上填写清楚，双方签字后有效。

(10) 若该岗位属于末班次，没有接班人员上岗的情况下，交班者必须将当班绞车运行情况及出现的问题向值班领导汇报，认真填写各种记录，经领导同意后方可离开工作岗位。

第二节 绞车的安装固定

一、一般绞车的固定方式

轨道运输小绞车的固定方式（表5-1）主要有3种：基础螺栓浇砌固定、基础螺栓浇注固定、专用锚杆锚固固定。

表5-1 轨道运输小绞车的固定方式

固定方式	与绞车连接构件	施工工艺			施工材料
基础螺栓浇砌	标准基础螺栓	挖基础坑		浇砌	混凝土
基础螺栓浇注	标准基础螺栓	打大孔	抹面	浇注	混凝土
专用锚杆锚固	特制专用锚杆	风钻打眼	抹面	锚固	树脂锚固剂

二、固定方式的选择

(1) 采区主要上下山、工作面安装撤除线路、牵引力在70 kN及以上的小绞车必须采用基础螺栓混凝土基础固定。

（2）采区联络斜巷、工作面顺槽、平巷调车专用的小绞车可采用基础螺栓混凝土固定、基础螺栓浇注固定、专用锚杆锚固固定。

三、基础螺栓的浇砌施工技术要求

（1）混凝土基础及标准螺栓参数：

基础螺栓如图5－1所示。

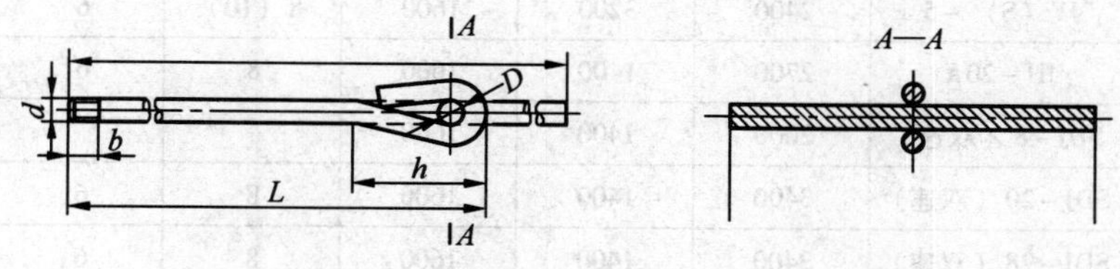

图5－1　基础螺栓

基础设置如图5－2所示。

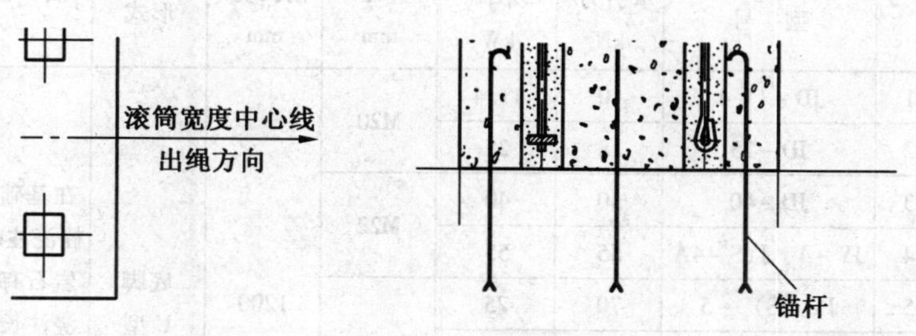

图5－2　基础设置

绞车基础规格见表5－2。

基础螺栓选择情况见表5－3。

（2）混凝土标号为C20，混凝土配比见表5－4。

表5-2 绞车基础规格

型号	长度(A)/mm	宽度(B)/mm	深度(H)/mm	地脚螺栓/条	固定锚杆/根
JD-11.4	1500	1500	1200	4（6）	4
JD-25	1600	1600	1200	4	4
JD-40	2100	2100	1200	4（6）	4
JY-4、JYS-4A	2400	3200	1600	8（10）	6
JY（S）-5	2400	3200	1600	8（10）	6
JH-20A	2700	1400	1600	8	6
SDJ-8（双速）	2000	1400	1600		
SDJ-20（双速）	3400	1400	1600	8	6
SDJ-28（双速）	3400	1400	1600	8	6

表5-3 基础螺栓选择情况

序号	绞车			螺栓直径/mm	基础螺栓长度/mm	螺栓形式	备注
	型号	牵引力/kN	功率/kW				
1	JD-11.4	10	11.4	M20	1200	底脚U型	在基础螺栓浇注时，岩石有效浇注长度不得小于800 mm
2	JD-25	18	25				
3	JD-40	30	40	M22			
4	JY-4、JYS-4A	55	55				
5	JY（S）-5	70	75	M24			
6	JH-20A	140	22、18.5				
7	SDJ-8（双速）	100	7.5				
8	SDJ-20（双速）	200	22	M30			
9	SDJ-28（双速）	280	37				

注：基础螺栓的直径不得小于表中规定的螺栓直径，且不得小于绞车标配的螺栓直径。

表5-4 混 凝 土 配 比

混凝土强度等级	坍落度	325号水泥、碎石、中砂混凝土材料用量/(kg·m^{-3})					石子粒度/mm
		水泥标号	水	水泥	河砂	石子	
C20	4~6	325	193	371	612	1243	5~40
	配比比例		0.52	1	1.65	3.35	

(3) 基础螺栓的浇注施工。直接底岩石硬度系数$f \geqslant 4$，表层软岩或煤底厚度不得超过300 mm。表层清理见实底后，用C20混凝土填平抹面，用直径不小于120 mm的钻头打孔，用混凝土抹面，冲孔后，用混凝土灌注标准基础螺栓。施工图如图5-3所示。

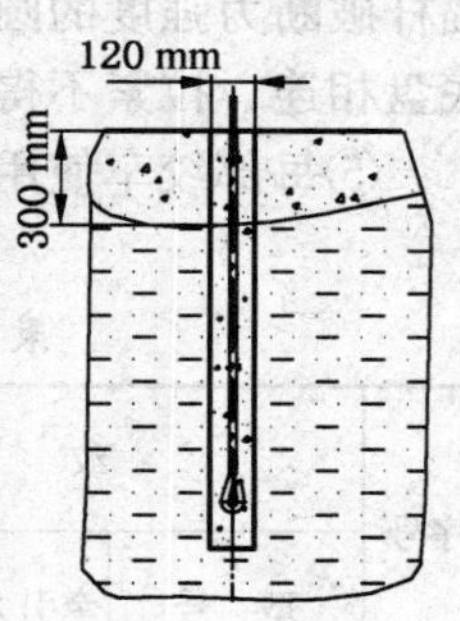

图5-3 施工图

(4) 专用锚杆的固定施工。锚杆布置如图5-4所示。

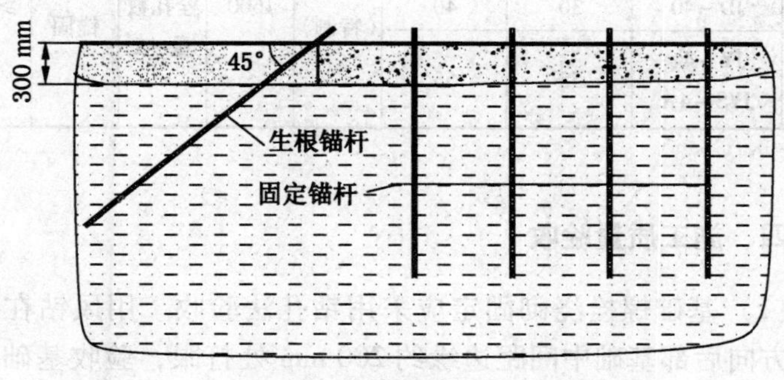

图5-4 锚杆布置示意图

①间接底岩石硬度系数$f \geqslant 4$，直接底为软岩或煤底，厚度不得超过300 mm。清理见实底后，用C20混凝土填平抹面，高于底板100 mm，表面周边尺寸应大于绞车底盘周边200 mm。

②采用树脂锚固剂全长锚固（如锚具所限不能全锚的，树脂药卷不得少于2卷，余孔应用混凝土填平）。

③锚杆材质应用不低于KMG500型钢特制，螺纹滚压应力区应特殊处理，提高抗剪切强度。

④每部绞车必须留有不少于2根的生根锚杆。用不小于单根锚杆破断力强度的圆环链连接，一端与锚杆相连，另一端与绞车底盘相连，拉紧不得有余扣。

⑤每部绞车使用锚杆的锚固参数配置应符合表5-5的要求。

表5-5　锚杆的锚固参数配置表

<table>
<tr><th rowspan="2">序号</th><th colspan="3">绞　车</th><th rowspan="2">专用锚杆直径/mm</th><th rowspan="2">锚杆长度/mm</th><th rowspan="2">锚杆数量/根</th><th rowspan="2">锚固方法</th><th rowspan="2">岩石有效锚固长度/mm</th></tr>
<tr><th>型　号</th><th>牵引力/kN</th><th>功率/kW</th></tr>
<tr><td>1</td><td>JD-11.4</td><td>10</td><td>11.4</td><td rowspan="4">φ22（特制）</td><td rowspan="4">1600</td><td rowspan="4">绞车螺栓孔数量+2</td><td rowspan="4">加长锚固</td><td rowspan="4">≥1200</td></tr>
<tr><td>2</td><td>JD-25</td><td>18</td><td>25</td></tr>
<tr><td>3</td><td>JD-40</td><td>30</td><td>40</td></tr>
<tr><td>4</td><td>JY-4、
JYS-4A</td><td>55</td><td>55</td></tr>
</table>

四、施工质量验收

（1）基础螺栓浇砌固定应采用钻孔法验收。用风钻在绞车牵引方向后部基础中间距边缘约200 mm处打眼，验收基础深度和基础底部结构尺寸。冲洗钻眼，观察眼壁石子均布状态，判定混凝土质量。

（2）基础螺栓灌注固定、专用锚杆锚固固定应采用拉力试验法验收。用锚杆拉力计逐个锚杆进行拉拔力不小于50 kN的定值拉拔试验。

第三节 绞车质量标准

一、通用完好标准

1. 紧固件

（1）紧固用的螺栓、螺母、垫圈等齐全、紧固、无锈蚀。

（2）同一部位的螺母、螺栓规格一致，平垫、弹簧垫圈的规格应与螺栓直径相符合。紧固用的螺栓、螺母应有防松装置。

（3）用螺栓紧固不透眼螺孔的部件，紧固后螺孔须留大于2倍防松垫圈厚度的螺纹余量，螺栓拧入螺孔长度应不小于螺栓直径。但铸铁、铜、铝件应不小于螺栓直径的1.5倍。

（4）螺母紧固后，螺栓螺纹应露出螺母1~3个螺距，不得在螺母下面加多余的垫圈减少螺栓的伸出长度。

（5）紧固在护圈内的螺栓或螺母，其上端平面不得超出护圈高度，并需用专用工具才能松、紧。

2. 接线

（1）进线嘴连接紧固，密封良好，并应符合下列规定：

①密封圈须用邵氏硬度为45~55度的橡胶制造，并按规定进行老化处理。

②接线后紧固件的紧固程度以抽拉电缆不窜动为合格，线嘴压紧应有余量，线嘴与密封圈之间应加金属垫圈，压叠式线嘴压紧电缆后的压扁量不超过电缆直径的10%。

③密封圈内径与电缆外径差应小于1 mm；密封圈外径与进线装置内径差应符合表5-6的规定；密封圈宽度应大于电缆外径的0.7倍，且必须大于10 mm，厚度应大于电缆外径的0.3倍，且必须大于4 mm（70 mm^2 的橡套电缆例外）。密封圈无破损，不得割开使用。电缆与密封圈之间不得包扎其他物体。

表5-6 密封圈外径与进线装置内径间隙 mm

密封圈外径 D	密封圈外径与进线装置内径间隙
$D \leqslant 20$	≤1.0
$20 < D \leqslant 60$	≤1.5
$D > 60$	≤2.0

④低压隔爆开关引入铠装电缆时，密封圈应全部套在电缆的铅皮上。

⑤电缆护套穿入进线嘴长度一般为5~15 mm，如电缆粗穿不进时，可将穿入部分锉细（但护套与密封圈结合部位不得锉细）。

⑥低压隔爆开关空闲的接线嘴应用密封圈及厚度不小于2 mm的钢垫板封堵压紧。其紧固程度：螺旋线嘴用手拧紧为合格；压叠式线嘴用手晃不动为合格。钢垫板应置于密封圈的外面。高压隔爆开关空间的接线嘴应用与线嘴法兰厚度、直径相符的钢垫板堵封压紧。

⑦高压隔爆开关接线盒引入铠装电缆后，应用绝缘胶灌至电缆三叉以上。

⑧凡不符合上述规定之一者，即为失爆，不得评为完好设备。

（2）接线装置齐全、完整、紧固，导电良好，并符合下列要求：

①绝缘座完整无裂纹。

②接线螺栓和螺母的螺纹无损伤，无放电痕迹，接线零件齐全，有卡爪、弹簧垫、背帽等。

③接线整齐，无毛刺，卡爪不压绝缘胶皮或其他绝缘物，也不得压或接触屏蔽层。

④接线盒内导线的电气间隙和爬电距离，应符合有关规定。

⑤隔爆开关的电源、负荷引入装置，不得颠倒使用。

（3）固定电气设备接线应符合下列要求：

①设备引入（出）线的终端线头，应用线鼻子或过渡接头接线。

②导线连接牢固可靠，接头温度不得超过导线温度。

（4）电缆的连接除应符合《煤矿安全规程》的规定外，还应符合下列要求：

①电缆芯线的连接严禁绑扎，应采用压接或焊接，连接后接头电阻应不大于同长度芯线电阻的1.1倍，其抗拉强度应不小于原芯线的80%。不同材质芯线的连接应采用过渡接头，其过渡接头电阻值应不大于同长度芯线电阻值的1.3倍。

②高、低压铠装电缆终端应灌注绝缘材料，户内可采用环氧树脂干封，中间接线盒灌注绝缘胶。

3. 设备使用

（1）高、低压开关的选用应符合《煤矿安全规程》的要求，应与被控制设备的容量匹配，有下列情况之一者，不得评定为完好设备：

①超容量、超电压等级使用者。

②不符合使用范围者。

③继电保护失灵，熔体选用不合格者。

④隔爆磁力启动器用小喇叭嘴引出动力线者。

（2）入井前，应检查井下隔爆型电气设备的“产品合格证”“防爆合格证”“煤矿矿用产品安全标志”及安全性能；检查合格并签发合格证后，方可入井，否则一律不得评定为完好。

4. 安全防护

（1）机房（硐室）和电气设备，一切可能危及人身安全的裸露带电部分及转动部位，均须设防护罩、防护栏，并悬挂危险警告标志。

（2）机房（硐室）应备有符合规定的防火器材。

（3）机房（硐室）不得存放汽油、煤油、绝缘油和其他易燃物品，用过的棉纱（破布）应存放在盖严的专用容器内，并放置在指定地点。

5. 设备环境

（1）设备表面无积尘、油垢。

（2）机房（硐室）清洁，无杂物、无淤泥、无积水、无滴水、无油垢，工具、备件、材料等存放在固定地点，安放整齐。

（3）机房（硐室）通风良好，照明设施亮度合适，符合安全要求。

6. 记录、资料

（1）固定电气设备场所必须具备下列记录及资料：

①电气系统图。

②检查、修理记录，试验整定记录。

③运转记录、交接班记录、事故记录。

（2）移动电气设备应具备下列记录：

①检查、修理记录，试验整定记录。

②事故记录。

二、绞车运输质量完好标准

1. 滚筒装置

（1）滚筒无裂纹、破损或变形。固定螺栓和油塞不得高出滚筒表面。

（2）钢丝绳在滚筒上固定牢靠。

（3）钢丝绳排列整齐、无打结。

（4）使用的钢丝绳应符合《煤矿安全规程》的规定。

2. 闸和闸轮

（1）闸把及杠杆系统动作灵活可靠，施闸后闸把位置符合规定要求。

（2）拉杆螺栓、叉头、闸把、销轴无损伤变形，拉杆螺栓应有背帽紧固。

（3）闸带无断裂，磨损余厚不小于4 mm，铆接可靠不松动。

（4）闸轮磨损深度不大于2 mm，闸轮表面无油迹。

3. 安装

（1）底座无裂纹，基座螺丝紧固，护板安全整齐、无变形。

（2）安装平稳牢固，运转无异响、无甩油现象。

（3）信号装置应声光兼备，清晰可靠。

第四节　提升运输信号

一、提升运输信号的分类

提升运输信号可分为提升运输联系信号和安全警示信号，又可分为正常提升运输联系信号、事故急停信号、检修信号。

二、提升运输联系信号

1. 一般规定

（1）矿井中的电气信号应能同时发声、发光，声光兼备，清晰可靠。重要信号装置应标明信号的种类和用途。

（2）升降人员和主要倾斜井巷绞车信号装置的直接供电线路上，严禁分接其他负荷（采用与信号连锁的报警除外）。

（3）斜井人车必须设置使跟车人员在运行途中任何地点都能向司机发送紧急停车的信号装置。

（4）井口的信号装置必须与绞车的控制回路相闭锁，只有井口信号工发出信号后，绞车才能启动。

（5）主要提升运输倾斜井巷除具有常用的信号装置外，还必须有备用信号装置。

（6）检修信号必须安全可靠。

（7）事故急停信号和正常提升运输联系信号必须有所区别，防止误操作。事故急停信号必须在发生运输事故时，信号把钩工方可操作，直接发送到绞车房，其余时间除检修外不得随意操作。

（8）井下防爆型的通信、信号和控制装置，应优先采用本质安全型。

（9）正常提升运输信号规定为：1 声停车；2 声提升；3 声下降；4 声慢速提升；5 声慢速下降。严禁用其他方法和其他规定代替规定的信号。

（10）双钩提升时，必须以一钩为准。

2. 标准及技术要求

（1）主要提升运输倾斜井巷或绞车滚筒为 1.2 m 及以上串车提升、运输的倾斜井巷信号系统，必须具备逐级传递发送信号的功能，设有保证按规定顺序发出信号的闭锁装置。

（2）逐级传递发送信号的顺序即信号二级发送要求：下车场和中间各车场的信号工，向上车场信号工发出信号，上车场信号工收齐各车场信号后，才可根据需要向司机发出信号。

（3）在影响提升运输安全的紧急情况下，各车场可以直接向司机发送紧急停车信号。

（4）提升信号应定期维修保养，保证信号声光兼备，发出的信号清晰响亮。

（5）斜巷各车场及绞车房必须设置提升信号，提升信号的小型电气应安装在统一标准尺寸的信号盘上。信号盘应安装在信号硐室内面向上山方向一侧的巷壁上，信号盘下边沿距地板高度为 1 m，信号盘外边沿距硐室外边沿为 0.4 m。

（6）严禁非信号工操作信号。

（7）各种规格的接线盒、信号灯、电铃、操作按钮等必须安装在统一制作的信号盘上，安装牢固，布置合理，电缆线布置和悬挂整齐。

3. 安全要求

（1）信号线路必须悬挂整齐，吊挂牢靠，符合《煤矿安全规程》的规定，其各类设施与装置必须达到机电设备完好的要求。

（2）信号系统接地极安装必须规范整齐，符合规定要求。

（3）主要提升运输倾斜井巷、采区倾斜运输集中轨道巷和运行斜巷人行车的提升运输倾斜井巷必须设专职信号工，人车必须配备跟车工。

（4）必须设置专用电话，专用电话只作为信号工、把钩工和司机之间通信联系的工具，不得用作提升运输信号。

（5）信号系统必须经常维修保养，确保灵敏可靠，符合电气设施完好标准的要求。

（6）信号硐室应宽敞明亮，便于信号工观察摘挂钩工作和提升运输情况，以便及时发送信号。

（7）信号硐室地板应高于周围地板，硐室内应设座椅，严禁堆放任何杂物和设备（信号照明综保开关除外）。

（8）绞车停运超过 6 h 以上或检修、出现事故后，开车前必须对所有信号、通信设备进行检查试验，试验时必须与各信号点的信号工及绞车司机联系，联系好后再进行试验。确认正确、灵活、畅通后，方可作业。

三、安全警示信号与行人安全监测

1. 一般规定

（1）倾斜井巷上下车场及中间通道口，必须设置声光行车报警装置。

（2）安全警示信号系统设计和选型时，应将安全可靠放在首要地位，系统必须能够灯光显示、报警，起到警示现场工作人员注意的作用。

（3）上下山提升运输巷应装设行人监测装置。

2. 安全警示信号的分类

安全警示信号有警示信号、指示信号两种。目前常用的警示信号器有 BYB－Ⅲ语音报警器、KXB－Ⅲ语音报警器等。矿井中使用的指示信号器常采用防爆型红灯。

3. 技术要求

1）安全警示信号

（1）语音报警装置必须声光兼备，并有“正在行车，不准进入”的醒目标志。

（2）语音报警装置必须取得“防爆合格证”“煤矿矿用产品安全标志”，方可使用。

（3）语音报警装置应安装在人行道的上方，便于行人观察到且不影响行车和行人安全的地方。车场的语音报警装置应安装在各车场的入口处。

（4）各类安全报警装置必须与信号连锁，信号发出后立即报警，发出停止信号后报警停止，与信号保持同步。

（5）各类安全报警装置也可与绞车控制回路连锁，绞车启动，立即发出报警信号，绞车停止，报警信号停止。

（6）安全报警装置应统一管理，建立管理台账，定期检查和维修，达到完好标准。

（7）安全报警装置必须纳入安全技措管理，保证充足的备用量。

（8）安全报警装置的电源电压不得超过 127 V；字幕明亮，声音清晰，视听距离不低于 30 m。

2）斜巷行人监测装置

（1）斜巷行人监测装置必须具备“煤矿矿用产品安全标志”，方可使用。

（2）斜巷行人监测装置必须安全可靠，功能完善，监测准确，维护方便。

（3）斜巷行人监测装置应实现连续监测，有语音报警、状态显示功能。

（4）使用电压等级不得超过 127 V。

第五节 绞车钢丝绳

一、绞车钢丝绳的结构及常用规格

（一）结构及类型

钢丝绳是由一定形状和大小的多根钢丝捻制成股，再由若干股（煤矿常用6股）绕绳芯捻制成螺旋形状的绳。

捻制钢丝绳的钢丝为优质碳素结构钢或合金钢，直径一般为0.4～4 mm，抗拉强度为1400～2000 MPa。绳芯一般为纤维麻芯，起储油和“衬垫”的作用，以使钢丝绳具有柔软性，在吸收作用于钢丝绳的张力和接触压力的同时，还能充分含油，使钢丝绳在长期使用中得到必要的润滑。

钢丝绳的分类方式一般有下列几种。

1. 按捻制方向分

（1）按绳、股两者关系分：

右捻钢丝绳：绳中各股按右螺旋方向捻制成绳，记号为Z。

左捻钢丝绳：绳中各股按左螺旋方向捻制成绳，记号为S。

（2）按绳、股、丝三者关系分：

同向捻（顺捻）钢丝绳：钢丝在股中的捻向与股在绳中的捻向相同。

交互捻（逆捻）钢丝绳：钢丝在股中的捻向与股在绳中的捻向相反。

钢丝绳的捻向如图5－5所示。

2. 按股内不同层钢丝与钢丝接触方式分

（1）点接触钢丝绳：股内相邻层间的钢丝成点接触，一般由直径相同的钢丝捻制而成。通常所说的普通钢丝绳就是点接触钢丝绳（图5－6a）。由于钢丝间接触面积很小，接触应力很大，因此使用寿命短。

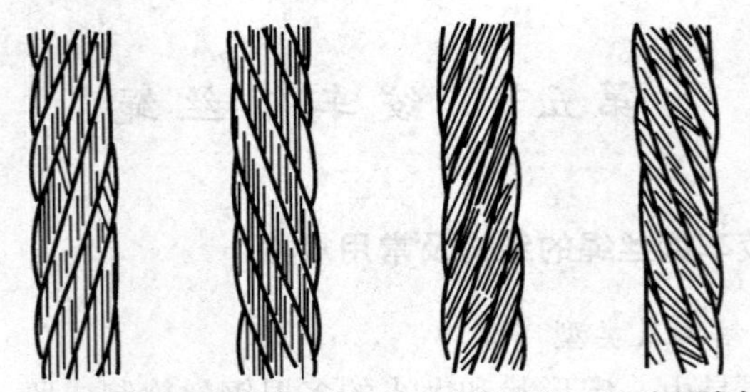

图5-5　钢丝绳的捻向

（2）线接触钢丝绳：股内相邻层间的钢丝呈平行线接触状态（图5-6b）。这类钢丝绳间接触面积较大，接触应力显著减小，因此寿命增加。

（3）填充式（T）钢丝绳：线接触钢丝绳的一种。特点是股内相邻层间配置小直径钢丝充填空隙，并保证外层钢丝形成正常排列，使钢丝与钢丝间呈线接触状态（图5-6c）。这类钢丝绳空隙小，结构紧密，绳股中的金属断面比例增大，因而受力均匀，既柔软又抗腐，使用寿命长。各种小绞车以使用填充式（T）钢丝绳为宜。

（4）面接触钢丝绳：股中钢丝为异型，异型钢丝之间呈面接触（图5-6d），这类钢丝绳结构紧密，刚性强，耐磨且不易变形，适用于斜井大型绞车。

钢丝绳丝间接触方式如图5-6所示。

3. 按断面排列方式分

（1）圆形股钢丝绳：钢丝绳每股按圆形排列，股中钢丝直径相同，层间呈点接触状态。一般钢丝绳为6股加一芯，个别也有8股加一芯。

（2）三角股和椭圆股钢丝绳：钢丝绳每股呈近似三角形或椭圆形排列。

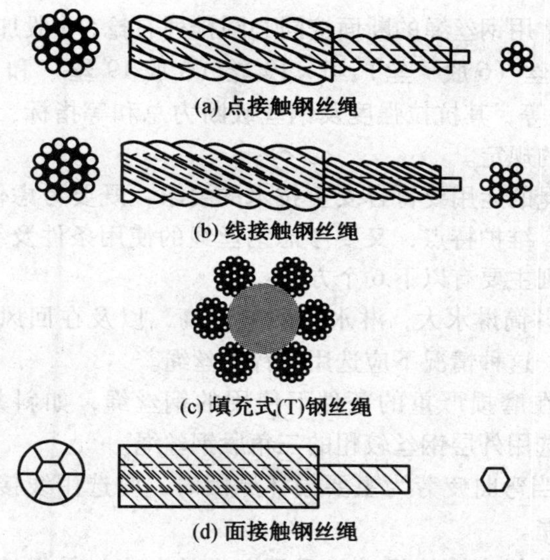

(a) 点接触钢丝绳

(b) 线接触钢丝绳

(c) 填充式(T)钢丝绳

(d) 面接触钢丝绳

图5-6 钢丝绳丝间接触方式

(二) 选用

当钢丝绳在绞车滚筒上做右螺旋缠绕时，应选用右捻绳；反之，选用左捻绳。

同向捻钢丝绳因较柔软、表面光滑、耐疲劳性能好、寿命较长，主要应用于立井及斜井箕斗提升中。其缺点是易松散造成打结，因此斜井串车提升很少采用同向捻钢丝绳。交互捻钢丝绳虽然在性能上略差于同向捻钢丝绳，但因不易松散，在矿井提升中较常用。

线接触钢丝绳因绳中钢丝数量相对较多，结构紧密，不易弯曲，耐疲劳，金属断面系数利用高，寿命长等优点已被广泛应用，但其制造复杂，价格略高。点接触钢丝绳因结构简单，制造容易，是应用最为广泛的普通钢丝绳。其他类型的钢丝绳，因结构、性能的特殊性而有专门的应用。

煤矿常用钢丝绳的断面按同心圆排列右捻，6 股加一芯，丝数有 6×7 丝（6 股 7 丝）、6×19 丝（6 股 19 丝）和 6×37（6 股 37 丝）等，其抗拉强度及钢丝破断力总和等指标，符合国家有关标准的规定。

钢丝绳的运用要符合安全技术的要求，既要考虑使用寿命、价格因素、维护特点，又要考虑钢丝绳的使用条件及结构特点。其选用原则主要有以下 6 个方面：

（1）井筒淋水大，淋水的酸碱度高，以及在回风井中由于腐蚀严重，这种情况下应选用镀锌钢丝绳。

（2）在磨损严重的条件下使用的钢丝绳，如斜井提升等，应尽可能选用外层钢丝较粗的三角股钢丝绳。

（3）当弯曲疲劳为主要损坏原因时，应选用线接触顺捻绳或三角股绳。

（4）多绳摩擦轮提升机采用左右捻各半，单绳缠绕式提升的钢丝绳捻向应与绳在滚筒上缠绕的螺旋线方向一致，目的是防止缠绕时钢丝绳有“松劲”现象。

（5）罐道用钢丝绳最好选用密封或半密封钢丝绳，也可选用表面光滑、比较耐磨的三角股绳。

（6）用于温度较高或有明火的地方，如矸石山，应选用金属绳芯钢丝绳。

二、绞车钢丝绳的试验与检查维护

在绞车运输提升过程中，钢丝绳的具体状况与绞车的安全运行有着很大的关系。由于新绳从出厂到投入使用，经过运输、储存、安装等许多环节，使用中又受到环境（如淋水侵蚀）及故障（如意外卡阻）等因素的影响，使钢丝绳不断拉伸、弯曲，发生断丝、磨损和锈蚀，给绞车的安全运行带来很大隐患。因此，必须对钢丝绳做定期检验，并且加强日常性的检查与维护，才能保证其安全使用。

《煤矿安全规程》对提升钢丝绳定期检验及安全系数等方面有专门规定：升降物料用的钢丝绳，自悬挂时起 12 个月时进行第 1 次检验，以后每隔 6 个月检验 1 次。用于升降物料的钢丝绳的安全系数不得小于 6。

对于按规定必须做试验的钢丝绳，要到指定的钢丝绳试验站对每根钢丝作拉断、弯曲、扭转等项目的试验，合格后方可投入使用。

绞车提升钢丝绳必须每天检查 1 次。检查项目主要包括断丝、磨损、锈蚀和变形等。检查方法一般是人工目视或使用辅助工具（如棉纱、游标卡尺、钢丝绳探伤仪等）。

（一）钢丝绳断丝的检查

1. 绞车钢丝绳断丝的有关规定

《煤矿安全规程》规定：各种股捻钢丝绳在 1 个捻距内断丝断面积与钢丝总断面积之比，达到下列数值时，必须更换：

（1）专为升降物料用的钢丝绳为 10%。

（2）无极绳、绞车钢丝绳为 25%。

在检查与计算时要注意以下几点：

（1）若钢丝绳各钢丝直径相同，可用断丝数与总钢丝数之比的百分数来评定。

（2）断丝钢丝面积必须按一个捻距内断丝计算，绝不能把某一段或整根钢丝绳断丝面积加起来计算。

（3）一个捻距可在整根钢丝绳的任何部位选取，各个捻距计算所得百分比取其最大值作为判断钢丝绳能否继续使用的依据。

（4）钢丝总断面积应以新绳实测结果为准，也可查阅样本或手册，但必须与实际使用钢丝绳核对。

2. 钢丝绳捻距的测定

钢丝绳捻距就是钢丝绳每股围绕绳芯旋转一周（360°）相应两点间的纵向距离。测量时，在钢丝绳的表面平行于钢丝绳中心线的直线上，取任意一股作记号1，依次按股作记号2、3、4、5、…，如果是6股钢丝绳数到7，测量记号1~7之间的距离即为钢丝绳捻距（图5-7）。

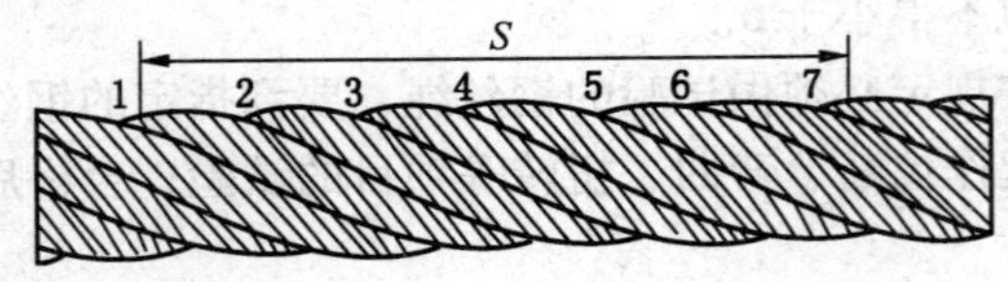

S—6股钢丝绳捻距

图5-7　6股钢丝绳捻距示意图

3. 钢丝绳断丝的检查方法

在长期的工作实践中，人们总结摸索出一套简单实用的检查钢丝绳断丝的方法，即用棉纱包住钢丝绳，使绞车慢速运行，钢丝绳断头很容易钩起棉纱，断丝部位便一目了然。当然，也可用钢丝绳探伤仪检查。断丝突出部位应在检查时剪去。

（二）钢丝绳磨损的检查

1. 绞车钢丝绳磨损的有关规定

《煤矿安全规程》规定，使用中提升钢丝绳以标称直径为准计算的直径减小量达到10%时，必须更换。

计算方法如下：

$$直径减少量=(D_{标}-D_{实})\div D_{标}\times 100\%$$

式中　$D_{标}$——钢丝绳标称直径（产品说明书、样本或标准手册），mm；

$D_{实}$——实际测得的钢丝绳外径，mm。

2. 钢丝绳直径的测量

钢丝绳的直径分为标称直径和实际直径。标称直径又叫作公称直径，可以从钢丝绳产品样本或手册中查到。而钢丝绳的实际直径是指正在使用的钢丝绳外接圆的直径，必须经过仪器正确测量才能得到准确数据。实际直径一般用游标卡尺测量，正确的测量方法如图 5-8a 所示。

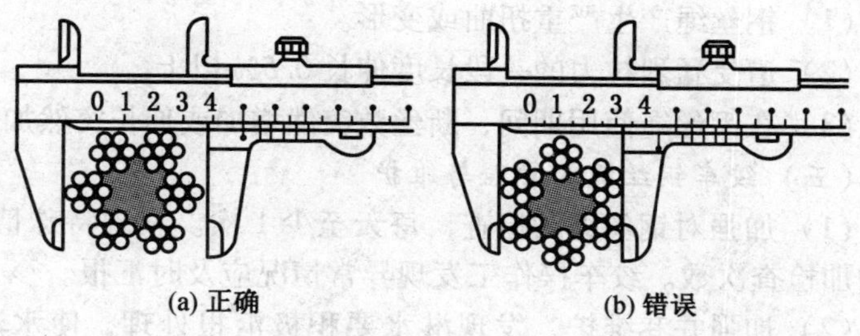

(a) 正确　　(b) 错误

图 5-8 钢丝绳直径测量示意图

需要注意的是：钢丝绳磨损后实际直径的测定，不应局限在一个或几个部位，对经常磨损的区段应多加测点，不能依照各测点直径减少量的平均值来判定，应取直径最小值来计算判定。

（三）钢丝绳锈蚀的检查

1. 钢丝绳锈蚀的有关规定

（1）钢丝绳的钢丝有变黑、锈皮、点蚀麻坑等损伤时，不得用作升降人员。

（2）钢丝绳锈蚀严重，或点蚀麻坑形成沟纹，或外层钢丝松动时，不论断丝数多少或绳径是否变化，必须立即更换。

2. 钢丝绳锈蚀的检查方法

目前对绞车钢丝绳锈蚀的检查，主要依靠人工目视的方法，对整条钢丝绳逐段进行检查，也可用钢丝绳探伤仪进行检查。

（四）钢丝绳绳头的有关规定

《煤矿安全规程》规定钢丝绳绳头固定在滚筒上时，应符合下列规定：

（1）必须有特备的容绳或卡绳装置，严禁系在滚筒轴上。

（2）绳孔不得有锐利的边缘，钢丝绳的弯曲不得形成锐角。

（3）滚筒上应经常缠留 3 圈绳，用以减轻固定处的张力，还必须留有作定期检验用的补充绳。

除上述规定外，发现以下情况时，必须立即更换钢丝绳：

(1) 钢丝绳产生严重扭曲或变形。

(2) 遭受猛烈拉力的一段长度伸长0.5%以上。

(3) 在钢丝绳使用期间，断丝数突然增加或伸长突然加快。

(五) 绞车钢丝绳的管理与维护

(1) 加强对钢丝绳的检查，每天至少1次。发现特殊情况，应增加检查次数。绞车操作工发现异常情况应及时汇报。

(2) 加强井巷维护，发现淋水要积极汇报处理，使水流入排水沟，避免顺轨道淌水腐蚀钢丝绳。

(3) 轨道要干净整洁，地轮布置合理，间隔适当，保持地轮齐全完好，转动灵活，润滑良好。若有损坏，及时更换，避免钢丝绳直接磨损轨道和轨枕。

(4) 及时对钢丝绳进行涂油，选用合格的专用钢丝绳油，每月至少涂油1次。涂油前，应充分做好准备工作。首先清除钢丝绳上的油垢结块，擦净钢丝绳上的淋水。钢丝绳的涂油方法有以下几种：

①人工刷涂法：用手或刷子将钢丝绳油涂抹或刷在慢速运行的钢丝绳上。

②压力喷射法：用压缩空气将熔化后的钢丝绳油喷洒到缠绕在滚筒上的钢丝绳上。

③煮油法：设置专门的钢丝绳煮油池，把绳放入，再适当升温至70~80 ℃煮泡几天，使绳芯充分吸油。

三、绞车连接装置的种类

斜巷提升钢丝绳连接装置（以下简称钩头）有3种型式：卡子型、插接型和滑头型。钢丝绳钩头型式如图5-9所示。

四、绞车连接装置的检查与维护

卡子型钩头是由U型绳卡、护绳环和单环链（或双环链、

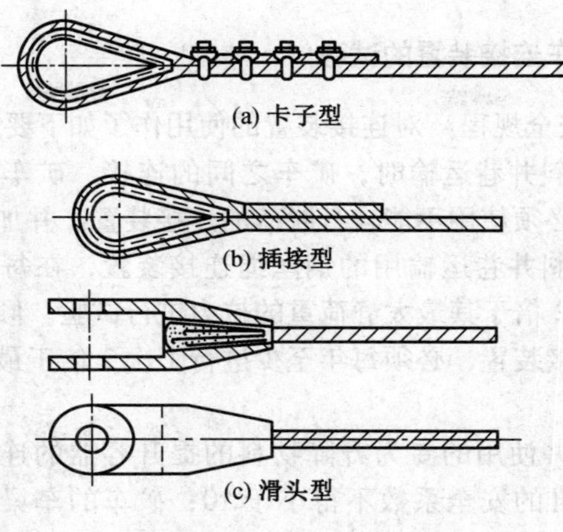

图5-9　钢丝绳钩头型式

三环链）组成的，常用于小绞车提升。其结构简单，制作容易，换件方便，使用较多。但U型卡子螺母易松动脱落，可能发生抽脱跑车事故，必须每班检查紧固1次，并保证每个钩头不少于4副卡子和护绳环完好。

插接型钩头利用插接后各股之间插接摩擦力来承担提升负荷，也由护绳环、环链和插接绳扣等组成。其安全性好，制作方便，使用较多。但必须保证插接质量，插接长度不得小于4~5个捻距（钢丝绳公称直径的20倍），并保证护绳环完好不脱落。每班应进行断丝、磨损、锈蚀和变形等检查。

滑头型钩头是将带有弯钩、呈散开状的绳头用钨金灌注在滑头体内的一种连接装置，常用于主斜井提升。其安全性好，使用寿命长，但制作工艺较复杂，故小型绞车较少使用，多用于主斜井地面井口提升。钩头钨金灌注工艺质量必须严格保证，否则将会发生钢丝绳头抽脱事故。保证质量的关键在于必须对滑头体内壁和绳头钢丝严格除油，使其表面可靠地涂上锡层，这样才能保证钨金灌注后与滑头体内壁和钢丝头密切接合，防止抽脱事故的发生。

五、绞车连接装置的试验

《煤矿安全规程》对连接装置的使用作了如下要求：

（1）倾斜井巷运输时，矿车之间的连接、矿车与钢丝绳之间的连接，必须使用不能自行脱落的连接装置，并加装保险绳。

（2）倾斜井巷运输用的钢丝绳连接装置，在每次换钢丝绳时，必须用 2 倍于其最大静荷重的拉力进行试验。倾斜井巷运输用的矿车连接装置，必须每年至少进行 1 次 2 倍于最大静荷重的拉力试验。

（3）斜井使用的专为升降物料的提升容器的连接装置，以破断强度为准的安全系数不得小于 10；矿车的车梁、碰头和连接销，其安全系数不得小于 6；无极绳运输的连接装置，其安全系数不得小于 8。

六、斜巷串车提升时保险绳的使用

1. 一般规定

（1）保险绳是用于倾斜井巷提升运输时，为防止串车之间，因连接装置及车辆插销脱落或断裂而发生跑车事故的安全装置之一。

（2）倾斜井巷提升运输时，必须使用保险绳。保险绳的长度必须与规定的提升车辆数相匹配。

（3）绞车使用的保险绳一般应与主绳绳径一致，当主绳绳径大于 21 mm（不包括 21 mm）时，保险绳采用 21 mm 绳径。

2. 与主绳连接的型式

保险绳与主绳的连接型式有以下 3 种：

（1）保险绳一端与主绳采用 U 型卡相连接，另一端插接成环形，用插销连接在连挂车辆的末端。

（2）保险绳两端插接成环形，一端用相匹配的索具卸扣连接在主绳上，另一端用插销连接在连挂车辆的末端。

（3）保险绳插接成环形，采用 U 型卡与主绳卡接在一起，使用时将保险绳套在所连挂的车辆周围。

3. 与主绳的连接方法

（1）U 型卡连接。保险绳与主绳采用 U 型卡连接方式时，U 型卡的数量不得少于 3 个，间隔一定距离使用，将两绳卡紧。第一个绳卡距钩头前端不少于 600 mm，两卡间距不得小于150 mm，使用钩头时 U 型卡的螺栓应朝向上方。

（2）采用索具卸扣连接时，应采用与不同的绳径相匹配的索具卸扣，应对索具卸扣的强度进行 2 倍于其最大静荷重的拉力试验。

（3）保险绳端插接方法与主绳钩头插接方法相同，可以不使用套环，主要提升运输的倾斜井巷使用的保险绳一端可以使用套环保护。

（4）保险绳在使用中严禁作为提升钢丝绳使用，进行调车、牵拉车辆等。发现扭曲变形、磨损超限、锈蚀和断丝超过规定时必须进行更换。

4. 保险绳的型式

保险绳的型式有 2 种：

（1）单绳式保险绳（图 5－10）。单绳式保险绳的一端卡在钩头上，另一端做成绳扣使用时插在列车尾车插销中。保险绳必须搭在车辆上，使用专用挂钩将保险绳固定在矿车推手或矿车沿上，且固定牢靠，防止运输途中滑落。

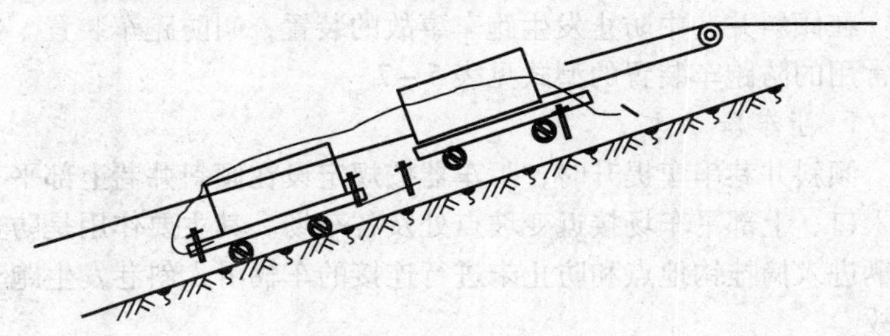

图 5－10　单绳式保险绳

（2）环绳式保险绳（图5－11）。环绳式保险绳是把保险绳围成圆圈状，其两个绳端一并卡在钩头上部位置，使用时将绳圈套在列车车辆上。这种型式的保险绳不易滑脱，但使用不太方便。

图5－11　环绳式保险绳

第六节　斜巷运输的安全设施

斜巷中安全设施的正确设置和使用，是避免斜巷运输事故发生及扩大的有效手段。斜巷中常设的安全设施为防跑车装置和跑车防护装置。

一、防跑车装置

在倾斜井巷中防止发生跑车事故的装置，叫防跑车装置。斜巷常用的防跑车装置的型式见表5－7。

1. 阻车器

倾斜井巷串车提升时，阻车器按规定设在倾斜井巷上部平车场入口、上部平车场接近变坡点处及各车场。其主要作用是防止车辆进入摘挂钩地点和防止未进行连接的车辆滑入斜巷发生跑车事故。

阻车器按组合数量分为单式和复式，按阻车部位分为阻轮式、

表5－7 斜巷常用的防跑车装置的型式

<table>
<tr><th rowspan="2">类　型</th><th rowspan="2">型　式</th><th rowspan="2">功能要求</th><th colspan="2">控 制 方 式</th><th rowspan="2">适用地点</th></tr>
<tr><th>打　开</th><th>关　闭</th></tr>
<tr><td rowspan="4">阻车器</td><td>自复式阻车器</td><td rowspan="4">常闭失效安全型</td><td rowspan="2">手动、气动、电动</td><td rowspan="4">自动</td><td>上下车场及偏口</td></tr>
<tr><td>重力式阻车器</td><td>上下车场及偏口</td></tr>
<tr><td>抱轨式阻车器</td><td rowspan="2">气动、液动</td><td>上车场</td></tr>
<tr><td>卧式阻车器</td><td>上车场及变坡点以下、起坡点以上</td></tr>
<tr><td rowspan="3">挡车器</td><td>常闭式挡车器</td><td>常闭失效安全型</td><td>手动、气动、电动、自动</td><td rowspan="3">自动</td><td rowspan="3">斜巷内</td></tr>
<tr><td>超速吊梁挡车器</td><td rowspan="2">常开式</td><td rowspan="2">自动</td></tr>
<tr><td>雷达捕车器</td></tr>
</table>

注：上车场变坡点处的风动自复阻车器与变坡点下方的风动挡车器相互联锁。

阻轴式、阻碰（矿车碰头）式和阻挡（矿车底挡）式，按动力方式分为手动式、气动式和电动式等。手动式阻车器的优点是：无须动力装置，结构简单，就地操作，运作灵活，通用性强。缺点是：操作者距离轨道较近，不利于安全。因此，现在推广使用远距离操作常闭实效型气控（电控）阻车器。气动自复式阻车器结构如图5－12所示。

2. 保险绳套

利用保险绳套，防止矿车因跳销或断销使钩头脱钩而发生跑车事故。

3. 托绳轮

托绳轮是防止和减少钢丝绳磨损、降低钢丝绳运行阻力的设施，通过保护钢丝绳，间接达到防止跑车事故发生的目的。

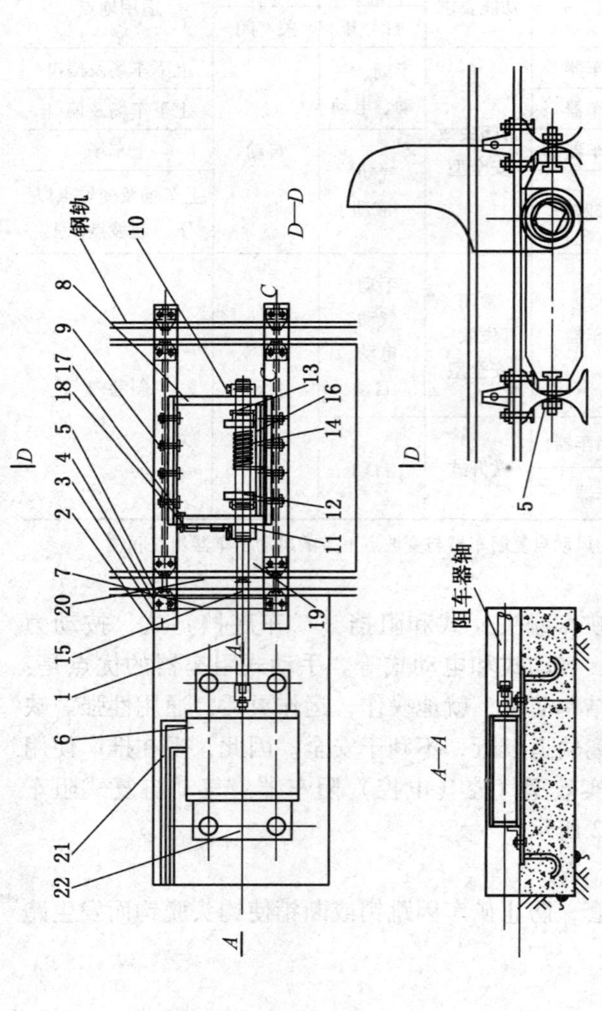

1—主轴；2—底座；3—轨道压板；4—压板固定螺栓（M18×100）；5—压板固定螺栓（M18×80）；6—旋转气缸；
7—销轴2；8—架体；9—架体固定螺栓；10—销轴1；11—架体外侧固定套；12—挡车板；13—主轴固定套；
14—复位扭转弹簧；15—旋转气缸与主轴连接套；16—复位弹簧固定杆；17—闭锁限位螺栓；18—闭锁杆；
19—闭锁固定杆；20—闭锁操作杆；21—软管；22—旋转气缸固定架

图5-12 气动自复式阻车器结构示意图

（1）托绳轮应采用耐磨性较高，强度低于钢丝绳材质的物料加工制作。

（2）倾斜井巷提升运输时必须安装托绳轮，托绳轮按设计要求设置，并保持运转灵活。

（3）倾斜井巷提升运输使用甩车道时，在道心和侧帮必须安设防止钢丝绳磨损的托绳轮（或称为立轮）。

（4）托绳轮按使用地点分为 3 种形式：地托绳轮、天轮托绳轮、立轮托绳轮。地托绳轮按大小分为大、中、小 3 种形式。

（5）托绳轮按直径大小分为大、中、小 3 种型号。大、中型托绳轮适用于倾斜井巷的变坡点前后，小型托绳轮适用于倾斜井巷中部。无极绳绞车（连续牵引车）运输托绳轮多使用多轮式托绳轮。其结构如图 5－13 所示。

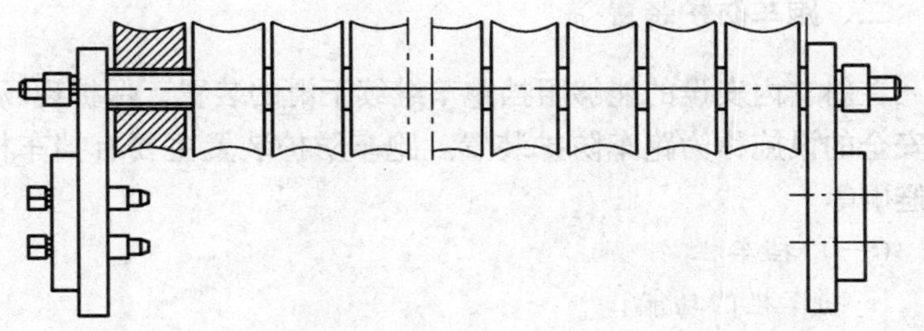

图 5－13　多轮式托绳轮结构示意图

（6）托绳轮的尺寸要求：

①用于压绳的天轮托绳轮的直径不小于 80 mm。

②立轮托绳轮的直径不小于 80 mm。

③用于绞车前托绳用的托绳轮应根据绞车的绳径选择，绳轮直径不得小于绳径的 20 倍。

（7）主要提升运输的倾斜井巷和采区上下山上变坡点的前后 2 m 范围内必须安装 2 组托绳轮。

(8) 各种托绳轮安装的位置和数量应以钢丝绳不磨轨枕或底板为准。

(9) 托绳轮安装应平整、稳固、灵活、数量齐全，定期加油，检查维修，及时更换损坏的托绳轮，及时清理托绳轮下边的淤泥和杂物。

(10) 托绳轮安装应有统一设计的固定架，并具备防脱性能。固定架应便于更换托绳轮和清理。

(11) 天轮托绳轮、立轮托绳轮应根据现场实际需要进行设计，达到稳固、灵活、有效、数量齐全，并经常维护，发现损坏及时更换。

(12) 托绳轮必须定期检查维修，及时清理淤泥，保持运转灵活，磨损严重时应及时更换。

二、跑车防护装置

在斜巷内安设的能够阻挡跑车继续下滑的装置、保护现场人员安全的设施称为跑车防护装置。跑车防护装置主要有挡车栏、躲避硐等。

(一) 挡车栏

1. 挡车栏的功能

(1) 识别功能：通过传感器（或传动机构），能够识别来自上方的车辆是正常运行，还是发生了跑车事故。

(2) 防护功能：对正常运行的车辆顺利放行，对发生了跑车事故的车辆进行有效的阻拦防护。

2. 对跑车防护装置的基本要求

(1) 结构要简单，动作要可靠，维护检查要方便。

(2) 阻挡跑车过程中不仅要有足够的强度，而且要求缓冲效果好，把跑车造成的损失降到最低。

(3) 跑车事故结束后，挡车栏要能及时复位，尽快恢复生产。

3. 跑车防护装置的分类及安设地点

跑车防护装置分为常闭式和常开式。

下文主要介绍几种常用常闭式和常开式跑车防护装置的结构组成、工作原理。

1）常闭式电动挡车栏

常闭式电动挡车栏由挡车装置、导向轮、钢丝绳、电动机、减速机和电控系统等组成，主要装设在下变坡点往上 10～20 m 处。

工作原理：操作时，操作人员按动控制开关（一般为双联按钮）抬起按钮，电动机开始正向转动，带动减速机缓慢转动，滚筒缠绕钢丝绳，通过钢丝绳的牵引将挡车门抬起。车辆通过后，按动下放按钮，电动机反向转动，将挡车门下放至与底板接触为止。

2）常闭式气动挡车栏

常闭式气动挡车栏由挡车门、直线气缸、气控箱、导向轮及钢丝绳等组成。挡车门安装与电动式挡车门安装位置相似，气缸可以安装在巷道一侧，也可以安装在顶板上，气控箱安装在底车场信号硐室内。常闭式气动挡车栏结构如图 5－14 所示。

工作原理：操作人员将气控箱把手扳至挡车门开启位置，气缸动作，活塞杆缩回，将钢丝绳往回牵引。通过钢丝绳的牵引将挡车门抬起，车辆通过后，松开气控箱把手，气缸活塞杆伸出，将挡车门下放至与底板接触为止。

说明：有的气动挡车门所使用的气控箱分为抬起位、下放位、零位，这就需要将挡车门抬起时，操作人员将把手扳至抬起位，车辆通过后，再将把手扳至下放位，等挡车门下放至与底板接触后，再将把手扳至零位。由于此控制方式无法实现实效性，因此应优先选用第一种控制方式。

（1）矿井主要运输斜巷内，在变坡点以下略大于 1 列车长处必须安设常闭式挡车栏（挡车器），要求与提升绞车联锁，只有放车时才能打开，车辆完全通过后立即关闭。

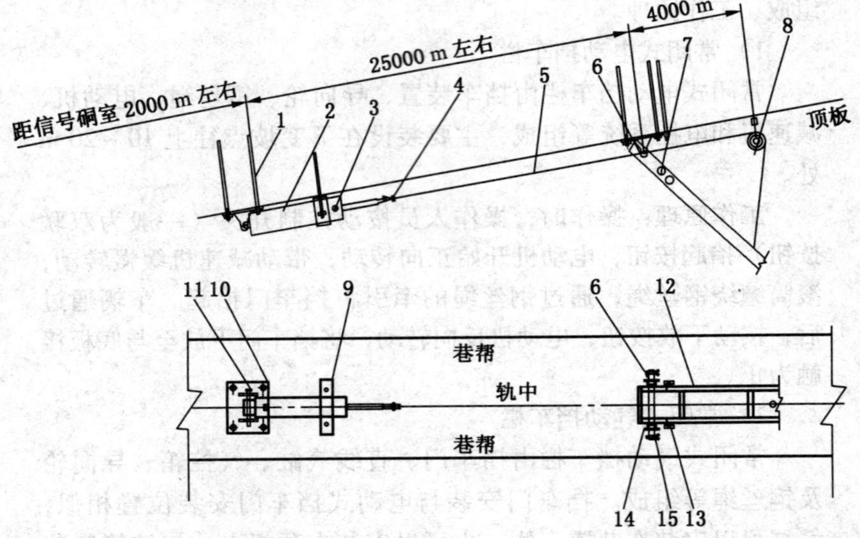

1—锚杆；2—气缸；3—气缸进排气接口；4—钢丝绳绳卡；5—牵引钢丝绳；6—横轴；7—固定钢丝绳；8—起重滑车；9—气缸前固定板；10—气缸后固定板；11—气缸固定轴；12—挡车门；13—悬吊锚杆；14—挡板；15—横轴固定开口销

图5－14　常闭式气动挡车栏结构示意图

（2）矿井主要运输斜巷内，下变坡点往上10～20 m处必须安设常闭式挡车栏，多采用电动式、气动式，主要由下车场信号工操作。行车时，将挡车栏抬起，车辆通过后，将挡车栏关闭。

（3）斜巷内除以上两个地点以外，中间区段根据条件装设若干个（斜巷长度为100～150 m时，至少安装一个；为150 m以上时，至少安装2个）常开式挡车器，平时打开，一旦跑车，挡车器落下，对下行的车辆进行有效拦截，防止事故扩大。

(4) 常开式跑车防护装置主要有：电动式、吊挂式、绳压式、雷达控制式、挡杆式、阻车叉式等。

4. 机械旁侧式挡车栏

当车辆正常运行时，车厢碰撞活动板，使活动板绕立轴摆动，但立轴上的撞板不会碰到作用杠杆上，于是车挡不落下。一旦发生跑车，立轴上的活动板被飞速跑下的矿车猛烈碰撞后，迫使撞板碰到作用杠杆上，使其绕轴转动，立即拉开脱扣，使钢丝绳失去拉力，挡车门立即落下阻止跑车。

5. 吊挂式挡车栏

吊挂式挡车栏可以安设在倾斜井巷的任何地段。其由摆杆、轴、销轴、钩杆、框环、滑轮、挡车门、钢丝绳等组成。吊挂式跑车防护装置如图 5－15 所示。

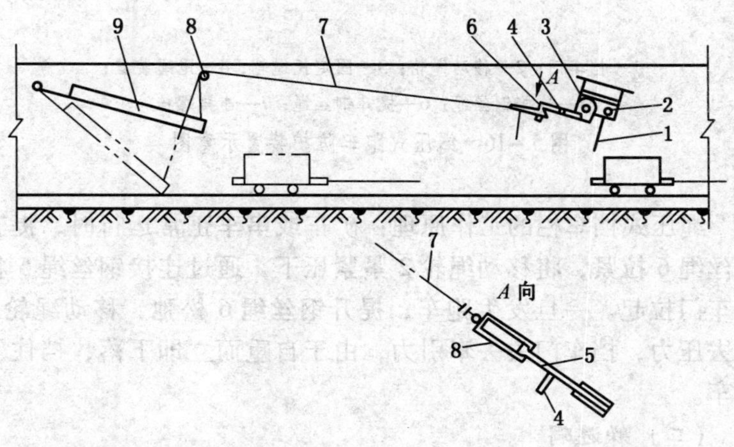

1—摆杆；2、3—轴；4—销轴；5—钩杆；
6—框环；7—钢丝绳；8—滑轮；9—挡车门

图 5－15　吊挂式跑车防护装置示意图

吊挂式挡车栏的工作原理：当发生跑车事故时，下跑的矿车以较大速度冲击摆杆 1，撞击销轴 4，致使钩杆 5 绕轴 3 转动，并与框环 6 相互脱开，此刻挡车门 9 失去钢丝绳 7 的牵引力，靠自重立即下落，挡住了跑车。

6. 绳压式挡车栏

绳压式挡车栏可安设在井口和中部车场。绳压式挡车栏由挡车门、移动绳轮、固定托绳轮、甩绳装置、钢丝绳和连接螺栓等组成。绳压式跑车防护装置如图 5－16 所示。

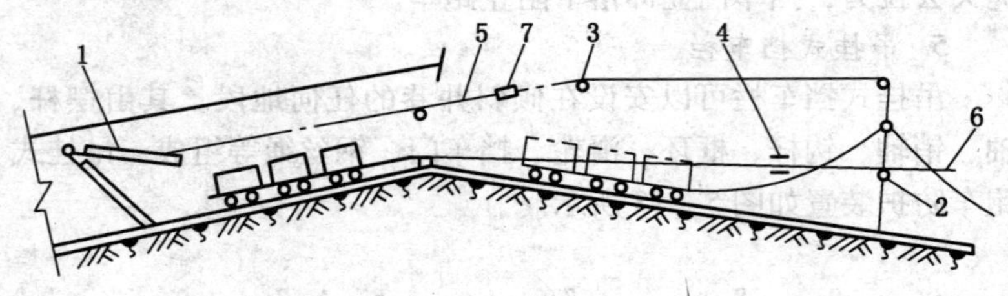

1—挡车门；2—移动绳轮；3—固定托绳轮；4—甩绳装置；
5—连接钢丝绳；6—提升钢丝绳；7—连接螺栓

图 5－16　绳压式跑车防护装置示意图

绳压式挡车栏的工作原理：矿车或串车正常运行时，提升钢丝绳 6 拉紧，将移动绳轮 2 紧紧压下，通过连接钢丝绳 5 将挡车门拉起。一旦发生跑车，提升钢丝绳 6 松弛，移动绳轮 2 失去压力，挡车门失去牵引力，由于自重而立即下落，挡住了跑车。

（二）躲避硐

提升任务大的主要倾斜井巷，不得兼作人行道。如果提升任务不大，能保证行车不行人，可兼作人行道。施工期间，倾斜井巷提升兼行人时，在倾斜井巷中必须每隔 40 m 设置一个躲避硐，并设红灯。巷道躲避硐一侧必须铺设行走畅通的人行道，人员必须在人行道上行走。行车时红灯亮，行人立即进入躲避硐。红灯熄灭后，方可通行。

小绞车硐室应符合设计要求，其净高不小于 2 m，绞车最突出部分与巷道一侧或棚子距离不小于 700 mm。硐室支护达到合格。

倾斜井巷各车场应设信号硐室及躲避硐。使用人车的斜井各车场的躲避硐，应有足够的空间兼作候车硐室。

三、斜巷防跑车装置及跑车防护装置配置

斜巷防跑车装置及跑车防护装置配置见表 5－8 及图 5－17。

表 5－8 斜巷防跑车装置及跑车防护装置配置情况

<table>
<tr><td rowspan="2">地 点</td><td rowspan="2" colspan="2">车 场 布 置 形 式</td><td colspan="3">阻车器设置位置及数量</td></tr>
<tr><td>距变坡点
1～1.5 m 处</td><td>车场入口处（道岔前 2 m 或弯道外 2 m）</td><td>绞车前 5 m
防过卷装置</td></tr>
<tr><td rowspan="3">上车场</td><td colspan="2">单轨逆向平车场</td><td>1 组</td><td>1 组</td><td>1 组</td></tr>
<tr><td colspan="2">单道变坡单轨顺向平车场</td><td>1 组</td><td>1 组</td><td></td></tr>
<tr><td colspan="2">单道变坡双轨顺向平车场</td><td>1 组</td><td>2 组</td><td></td></tr>
<tr><td>下车场</td><td colspan="5">下车场入口处阻车器装备要求同上车场入口处装备要求</td></tr>
<tr><td rowspan="4">斜巷内</td><td colspan="5">挡车器设置位置及数量</td></tr>
<tr><td>斜巷布置方式</td><td>下变坡点以上 15～30 m</td><td>上变坡点以下略大于一列车长度</td><td>斜巷中间</td><td>甩车场片盘口分车岔下 10 m，侧线 2 m</td></tr>
<tr><td>不带片盘口的斜巷</td><td>1 组</td><td>1 组</td><td rowspan="2">每隔 100 m
1 组</td><td></td></tr>
<tr><td>带片盘口的斜巷</td><td>1 组</td><td>1 组</td><td>2 组</td></tr>
</table>

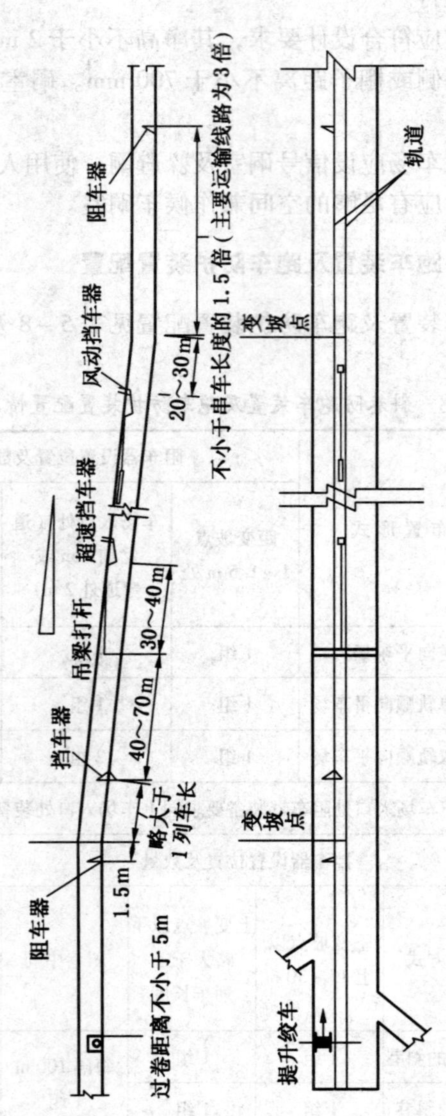

图5－17　斜巷防跑车装置及跑车防护装置配置示意图

复习思考题

1. 小绞车在操作中遇到哪些情况时应立即停车处理?

2. 绞车操作中“一严、二要、三看、四勤、五不走”的具体内容是什么?

3. 绞车操作中“六不开”“五注意”的具体内容是什么?

4. 绞车滚筒上钢丝绳排列不整齐的原因及处理方法有哪些?

5. 绞车制动闸发热的主要原因及处理方法有哪些?

6. 绞车操作工交接班时,交班者不得交给哪些人?

7. 正常提升运输信号的发送是如何规定的?

8. 绞车操作工岗位责任制“三知四会”的具体内容是什么?

9. 绞车常用哪些形式的钢丝绳?

10. 绞车操作工对钢丝绳的检查主要有哪些项目?

11. 如何检查绞车钢丝绳的磨损情况?

12. 绞车连接装置都有哪些种类?

13. 单绳式保险绳如何使用?

14. 环绳式保险绳如何使用?

15. 斜巷运输中常用的安全设施有哪些?

16. 常用的防跑车装置及跑车防护装置有哪些?

17. 试述吊挂式跑车防护装置的工作原理。

第六章 提升运输事故预防与案例分析

第一节 常见绞车运输事故原因及预防措施

一、原因

造成绞车运输事故的原因主要有以下几种：

(1) 绞车不完好（如打齿、制动装置失灵、突然断电、护绳板不合格等）。

(2) 绞车固定不合格（如基础螺栓被拉出、压趄柱被拉歪、绞车底座断裂等）。

(3) 绞车牵引不规范（如车辆超重导致断绳、车辆超宽被拐住、过变坡不均匀加速、超挂车辆运输、使用不合格的连接器等）。

(4) 信号联络失误（如听错信号、误发送信号、不按信号操作等）。

(5) 司机违章操作（如无证操作、留有余绳、处理掉道时绞车操作工离岗、违章放飞车、绞车运行中处理爬绳、反向牵引、加速过快、服装不整等）。

(6) 附属设施不完好（如天轮、托绳轮设置不合格，过卷保护设置位置不合格等）。

(7) 钢丝绳原因（如钢丝绳断丝超限、钢丝绳锈蚀严重、钢丝绳磨损严重、保险绳设置不合格、钢丝绳固定不牢、钢丝绳跑偏等）。

(8) 绞车操作工责任心不强。

（9）绞车操作工精神状态不佳。

（10）绞车操作工与信号把钩工配合不好。

（11）斜巷行车时行人。

（12）斜巷行车时作业。

二、预防措施

预防斜巷绞车运输事故的主要措施如下：

（1）绞车操作工、信号把钩工要经过安全技术培训，考核合格，持证上岗。

（2）运转前，绞车操作工、信号把钩工要对钢丝绳、制动装置、固定基础、信号、挡车装置、连接装置等做好全面认真的检查，发现问题及时处理。

（3）矿车与矿车的连接、矿车与钢丝绳的连接，都必须是闭合连接，且使用的防脱装置、连接器、插销等必须符合安全要求。

（4）提升机制动装置要灵活可靠，绞车操作工停车和放车时，要注意防止发生余绳冲击事故。

（5）倾斜井巷轨道必须按规定安设防跑车装置和跑车防护装置。

（6）倾斜井巷必须设置“行车不行人”的语音信号报警装置。

（7）绞车操作工要严格执行操作规程，必须与信号把钩工密切配合，发现牵引车数超过规定、连接不良或装载物料超重、超高、超宽、偏载严重有翻车危险等情况时，都不得开动绞车运行。

（8）绞车操作工、信号把钩工必须严格按照规定发送信号，当绞车司机接收到的信号不明确时，不得随意开动绞车，必须确定信号指令，并废除本次信号，重新发送联系信号后方可按正确的信号指令开动绞车。

(9) 职工下班后必须休息好，保证充足的睡眠，防止班中精神不振。

(10) 绞车操作工必须严格执行现场交接班制度，必须将本班次绞车的运行状况交接清楚，防止接班人不了解绞车存在的问题，发生事故。

第二节 典型案例分析

一、非绞车操作工操作绞车造成的事故

【案例1】突遇停电，操作忙乱造成跑车

1997年11月3日，某矿某总回风下山，坡度为24°。某工人（非绞车操作工）违章擅自开绞车。当绞车下行到斜巷内距上变坡点约30 m处时，绞车突然停电，当时由于绞车下行速度较快，该工人便急刹车，造成钢丝绳挣断，在距下口100 m处，矿车脱轨掉道，将该处的电缆和甲烷检测报警仪撞坏，停产2天。

事故原因：

(1) 开车人员无证上岗，没有掌握绞车性能，未经过培训违章操作。

(2) 绞车突然停电，不能正确缓慢地制动，而是采取了急刹车的错误方法，使钢丝绳受力剧增以致断裂。

经验教训：

(1) 操作绞车必须持证上岗，严禁无证开车。

(2) 在突然停电或发生其他故障时，不能刹车太猛。

【案例2】不会操作，反向启动

1986年3月22日，某矿采煤二队在某巷道施工，班长及安监员发现现场没有绞车操作工，安监员特别交代没有绞车操作工不准随便开小绞车，然后便到其他地点巡回检查。这时全班人员

都为不能完成生产任务而着急，班长安排 2 个不是绞车操作工的工人一起操作绞车，并且安排 1 人按按钮，1 人操作手闸。当挂上矿车向下坡道放车时，按错了按钮，矿车反而上提，并使矿车上拉掉道，挤到在场的 1 名工人。操作手闸的工人迅速停车，众人都喊开反车了，按钮的工人慌乱中又按错了按钮，矿车又继续上拉 0.6 m，造成被挤工人再次被挤成重伤，经抢救无效死亡。

事故原因：

(1) 非绞车操作工开车，并且 2 人开 1 台车，无证上岗违章操作。

(2) 班长安排无证人员开车，违章指挥。

(3) 现场施工管理混乱，所需工种人员不齐全。

经验教训：

(1) 绞车操作工必须经过培训，持证上岗。

(2) 杜绝违章指挥、违章作业。

(3) 加强现场施工管理，按岗位配齐人员。

【案例 3】随便按启动按钮，导致误动绞车

某矿某采煤工作面在回风巷用回柱绞车放大顶时，送班中餐的工人向每位工作人员发放班中餐，回柱绞车暂时无人看管。某新工人吃过饭后，看到绞车按钮开关附近无人，便随手按动了几下。这时绞车钩头正拴着未落下来的单体柱，且有 1 名工人正在单体柱附近吃饭。绞车突然运转，钢丝绳受力太大，突然断开，断绳弹回，打在该工人的脖子上，划伤其颈部。由于救护及时，这名工人脱离了生命危险。

事故原因：

(1) 无证人员擅自操作按钮，违章操作。

(2) 绞车操作工离开岗位时，未将绞车开关停电闭锁。

(3) 绞车停车期间，连着钩头。

经验教训：

(1) 加强职工安全教育，非绞车操作工严禁操作绞车。

(2) 绞车操作工要坚守岗位，确因有事需暂时离开，要停电闭锁。

(3) 绞车停车期间，不应连钩。

二、绞车操作工上岗精力不集中酿成事故

【案例 4】精力不集中，造成提升过卷

1984 年 9 月 3 日，某矿运输斜井。开车时，绞车操作工精力不集中，过卷开关又失灵，矿车冲到天轮前才停车，把挡车角铁冲落到天轮架上，砸在正在测量的 1 名技术员的头上，该技术员当场死亡。

事故原因：

(1) 绞车操作工接班后未对绞车进行检查，且开车时精力不集中。

(2) 违反“行车不行人、不作业”制度。

(3) 维修制度落实不到位，对绞车维护不及时，造成过卷装置失效。

经验教训：

(1) 严格执行交接班制度，接班上岗必须全面检查。

(2) 坚持“行车不行人、不作业”制度。

(3) 开车前必须对各类保护装置进行检查和试验，确保其动作灵敏可靠。

(4) 加强维修管理，确保绞车保持完好状态。

【案例 5】精力不集中，听到停车信号后未停车

某矿夜班，斜巷绞车操作工在上提矿车时打瞌睡，矿车到停车位置未停车，再加上把钩工精神也不好，未注意到这一情况，矿车将正欲摘钩的工人带倒当场轧死。

事故原因：

(1) 绞车操作工在工作期间精力不集中、睡岗，违章开车。

(2) 把钩工在车未停稳时进行摘钩作业，违章操作。

经验教训：

（1）上岗人员必须集中精力工作，严禁睡岗。

（2）操作时要严格遵守操作规程，严禁在车未停稳的情况下摘挂钩。

（3）摘挂钩人员必须在车辆运行范围外操作，距轨道外沿不得小于200 mm。

三、绞车操作工违章操作

【案例6】不送电松车，放飞车伤人

1997年10月21日，某矿夜班掘进巷使用调度绞车运输，由于绞车操作工急于完成任务，不送电开闸放飞车。当该绞车操作工看到早班接班人走到巷道中马上被撞，便急刹车。由于闸带有油，刹不住车，矿车掉道撞倒棚子才停车，早班接班人被撞成重伤。

事故原因：

（1）绞车操作工接班时未认真检查和试验，闸带有油未发现。

（2）绞车操作工违章不送电开闸放飞车。

（3）违反斜巷运输“行车不行人，行人不行车”的规定。

经验教训：

（1）绞车操作工接班时必须认真检查和做空运转试验。

（2）认真落实“行车不行人，行人不行车”的规定。

（3）严禁放飞车。

【案例7】速度控制不当，钢丝绳余绳在滚筒上挽成大圈套住司机

某矿沿煤层底板下山掘进，轨道坡度不一致，矿车忽快忽慢，绞车操作工启动JD－11.4型调度绞车下放空矿车。由于矿车运行速度慢带不动钢丝绳，此时绞车司机没有减速，使绞车继续松绳，导致钢丝绳在滚筒上盘圈。因绞车护绳板变形，造成钢

丝绳挽成大圈后套在绞车司机的脖子上，绞车司机当场被钢丝绳勒死。

事故原因：

（1）绞车操作工不根据矿车运行状况及时进行减速操作。

（2）绞车操作工精力不集中。

（3）绞车护绳板未起到安全防护作用。

经验教训：

（1）下放车辆严禁放飞车。

（2）绞车操作工操作前要认真检查轨道状况，并根据钢丝绳运行情况合理调整滚筒转速，避免滚筒产生余绳。

（3）斜巷运输轨道线路铺设坡度应保持一致，确保车辆平稳运行。

（4）绞车安全防护设施应齐全可靠，确保安全防护效果。

四、操作时相互配合不当，发生松绳冲击造成断绳跑车

【案例8】上车场余绳过多，挂钩推车导致断绳跑车

某建井处在某矿采区轨道上山施工。由于把钩工违章作业，在余绳8~9 m的情况下，即把挂上的重车推过变坡点送入斜坡道，产生极大的松绳冲击力，造成断绳跑车事故，撞伤下口信号工。该信号工经抢救无效死亡。

事故原因：

（1）绞车操作工没有在余绳过多的情况下，先紧一下绳再配合把钩工推车下坡。

（2）把钩工违章作业，在余绳过长的情况下将矿车推过变坡点滑入斜巷。

经验教训：

（1）绞车操作工必须明白余绳冲击的危害，防止余绳产生。

（2）绞车有余绳时，必须先紧绳后行车。

（3）信号把钩工和绞车操作工之间要相互配合，协调作业。

五、绞车操作工操作不当，造成带绳跑车

【案例9】停车不刹闸，车辆下滑导致跑车

某矿斜巷为单钩串车提升。当上提串车未到位时，绞车操作工就自行停车，并在没有对绞车施闸制动的情况下，离开岗位。此时钩头挂着的串车仍在车场的斜坡上，矿车在自重作用下带动绞车滚筒运转向坡下滑行，到大斜坡后，发生带绳跑车，一直跑到斜巷底，把正在底车场中行走的1名工人撞死。

事故原因：

（1）绞车操作工离开操作台时，没有闸住制动闸，手动工作闸又处于松闸状态，未按规定进行停车操作。

（2）绞车操作工在未接到停车信号的情况下，自行停车，违章操作。

（3）绞车操作工对井口轨道坡度不熟悉，不清楚矿车在井口车场的稳定停车位置。

（4）绞车操作工在未通知斜巷其他人员的情况下离开工作岗位，擅自脱岗。

经验教训：

（1）绞车操作工必须严格按照行车信号进行行车操作。

（2）绞车停车时，必须将工作闸和制动闸都置于紧闸状态。

（3）绞车操作工应认真执行岗位责任制和操作规程。

（4）岗位人员不得擅自离开工作岗位。

（5）绞车操作工应熟悉轨道和车场布置，清楚矿车的稳定停车位置。

（6）严格执行“行人不行车，行车不行人”的规定。

六、绞车操作工未认真检查钢丝绳，造成断绳跑车

【案例10】检查钢丝绳不仔细，造成断绳跑车

某上山坡度超过15°，坡长120 m，用JD－11.4型绞车提

升。绞车操作工沿上山到绞车房后，信号工打点提升。当串车上拉至距斜巷底车场60 m处时，因某段钢丝绳断丝严重，导致钢丝绳突然断裂，串车下跑至底车场，将1名正在底车场准备下一钩串车的工人的腰部撞伤，造成该工人终生残疾。

事故原因：

（1）绞车操作工上岗后没有对钢丝绳进行全面检查，未发现钢丝绳存在重大隐患。

（2）行车时底车场把钩工作业。

（3）防跑车装置不起作用。

经验教训：

（1）绞车操作工上岗后要对绞车的安全状况做全面仔细的检查，发现问题及时处理，处理后再运行。

（2）必须在安全设施完好的状态下行车。

（3）严格执行“行车不行人、不作业”制度。

七、违章甩车造成掉道事故

【案例11】超速甩车造成掉道伤人事故

1996年5月5日，某矿斜巷正在下放物料，由于上车场以上有一段10 m长的巷道坡度较小，又因串车所装物品较轻，矿车慢速松不下去。绞车操作工急于完工上井，就超速下放矿车，想靠惯性把车甩下。由于车速快，矿车掉道，将在下车场准备摘挂钩的把钩工当场挤死。

事故原因：

（1）绞车操作工违章超速放车。

（2）巷道坡度设计不合理。

经验教训：

（1）特殊条件下，应采取特殊运输措施，不能违章超速行驶。

（2）应该对局部不合理的巷道坡度进行必要的处理。

八、斜巷行车报警信号不完好，造成人员伤亡

【案例12】斜巷偏口行车报警器不完好

某矿西轨下山，中间有一个泵房出口。早班上车场把钩工连接好1辆板皮车后，信号工就发松车信号往下山松车。当车松至巷道中间泵房时，当班泵工正从泵房出来，由于斜巷行车报警信号语音不响、灯也不亮，加上正在运行的水泵噪声大，该泵工没注意到斜巷正在行车，被突然行到身边的矿车撞击头部，倒在轨道上。其头部被碰破，流血不止，10 min后死亡。

事故原因：

（1）绞车操作工未检查斜巷行车报警信号是否完好就开车。

（2）安全防护装置不完好。

经验教训：

（1）上岗后必须全面检查。

（2）有中间偏口的斜巷应加强行人安全管理。

九、斜巷矿车掉道硬拉断绳跑车

【案例13】对运行状态判断失误，造成断绳跑车事故

1991年5月10日，某矿斜巷绞车提升时，道心内浮煤和淤泥较多，几乎与轨道上平面相平，向上提升时，发生矿车掉道。绞车司机误以为可能提升质量大，仍然继续硬拉，结果钢丝绳被强力拉断，造成跑车事故。

事故原因：

（1）绞车司机对运行状态判断失误，绞车运行阻力增大不采取停车措施。

（2）轨道运输线路质量差，道心内积淤清扫不及时。

（3）绞车司机开车注意力不集中。

经验教训：

（1）轨道质量应符合质量标准，道心内浮煤、淤泥等杂物

应清扫干净，保证轨道畅通无阻。

（2）绞车运行期间，绞车司机应集中精力观察钢丝绳的运行状况，发现异常及时停车检查。

十、倒拉牛绞车运输伤人事故

【案例14】绞车上方未安装防护超柱

某矿掘进迎头在使用倒拉牛绞车牵引扒装机时，当班工长站于绞车前方固定回头滑车的侧面进行指挥。由于回头滑车固定基础不牢固，在牵引过程中，将回头滑车拽出，造成带绳跑车。当跑至下车场绞车处时，因绞车上方未按规定安装防护超柱，将绞车司机当场撞死。

事故原因：

（1）防护超柱没安装。

（2）倒拉牛绞车回头滑车固定基础不牢。

（3）防跑车装置不起作用。

经验教训：

（1）倒拉牛绞车司机开车前必须检查安全防护装置是否齐全有效。

（2）把钩工提升前必须检查回头轮的固定情况。

（3）斜巷防跑车装置必须完好可靠。

十一、处理爬绳不当，造成伤人事故

【案例15】违章处理爬绳

某矿4名运料工装完车连好钩头后，发送信号进行提升，绞车司机接到信号后，操作绞车。由于绞车安装时，滚筒中心线与巷道中心线不一致，造成钢丝绳在滚筒上爬绳，于是绞车司机左手按住绞车离合闸，右手拿着钎子别钢丝绳进行处理。突然，钢丝绳跳动，弹在绞车司机的右臂上，造成绞车司机右臂前端骨折。

事故原因：

（1）绞车司机在绞车运行中违章处理爬绳。

（2）绞车安装位置不当，滚筒中心线与巷道中心线不一致。

经验教训：

（1）绞车安装设计时，滚筒中心线必须与巷道中心线一致。

（2）严禁绞车司机在绞车运行中处理爬绳，应在绞车前方安装排绳器。

十二、绞车过卷伤人事故

【案例 16】过卷保护装置不完好

某矿一条提升上山因巷道布置不当，将绞车安装在上车场后部的废弃小下山变坡点以下，司机看不到上车场，故在绞车上方安装过卷保护器防止串车过位。由于绞车司机班中精神不振，在提升过程中，睡着了。当串车行至过卷保护装置时，因保护失灵，反上山挡车器也失灵，将提升的车辆一直拉到绞车处，绞车司机被当场撞死。

事故原因：

（1）过卷保护装置失灵。

（2）绞车司机精力不集中。

（3）挡车器失灵。

经验教训：

（1）绞车过卷保护装置必须经常检查、维修，确保完好。

（2）职工下班后一定要好好休息，保证充足的睡眠。

十三、压超柱安装不牢，砸伤人事故

【案例 17】绞车压超柱拉倒伤人

某矿综采工作面回撤期间，在开切眼上端头使用“四压两超”固定的回柱绞车向外牵引整体支架。打点启动后，绞车压超柱突然扭转继而歪倒，将绞车司机砸成重伤。

事故原因：

（1）绞车司机开车前没按规程进行检查。

（2）绞车压超柱固定不牢靠。

经验教训：

（1）绞车司机开车前必须严格按规程进行检查，确保绞车固定、钢丝绳信号等齐全完好。

（2）绞车安装完必须经验收合格后方可使用。

（3）绞车使用中要加强检查维修管理。

十四、斜巷复轨过程中，绞车司机脱岗造成撞人事故

【案例18】处理事故司机离岗、停车不刹闸

某矿斜巷提升运输中，车辆在变坡点下方发生掉道，上下车场信号把钩工共同进行复轨作业，由于车辆较重抬不动，就喊绞车司机来帮忙。绞车司机停下车前去帮忙，但未将绞车制动闸闸紧。当车辆复轨成功后，由于惯性向前冲，造成带绳跑车事故，将复轨的把钩工带倒摔成重伤，而车辆在第一组超速吊挡处再次发生了掉道事故。

事故原因：

（1）绞车司机脱离岗位。

（2）绞车司机在处理掉道事故中，未将制动闸闸紧。

经验教训：处理掉道事故时，必须将绞车制动闸闸紧，并留专人看护。

十五、绞车对拉方式运输，绞车工操作不当造成撞人事故

【案例19】对运行线路不熟悉，该留绳的没留绳

某矿一掘进迎头（3602下巷）全长200 m，巷道坡度为7°~10°，且变坡点较多，运输方式为2台绞车对拉，均为25 kW的调度绞车。一次运输将2车工字钢棚从大巷运送至迎头，其中外面绞车操作工为新调入本工区职工，对巷道的情况不熟悉。外

面绞车操作工没有意识到何处是变坡点，认为自己所操作的绞车此时不会起到留绳的作用，因此外面的绞车速度比里面的绞车速度快。当车辆运行至变坡点时，已经有了 4 m 的余绳。车辆过变坡点后，由于有余绳，在冲击力的作用下，将钢丝绳挣断，车辆急速向下冲去。迎头的一名职工听见响声，迅速走出来查看情况，被飞驰而下的车辆当场撞死。

事故原因：

（1）绞车操作工不了解巷道坡度情况。

（2）绞车操作工违章作业，2 台绞车运行不同步，出现余绳。

经验教训：

（1）应尽量不采用对拉方式运输。

（2）使用绞车对拉方式时，绞车司机必须熟悉巷道情况。

（3）使用绞车对拉方式时，2 台绞车必须同步，留绳必须时刻处于张紧状态，严禁出现余绳。

十六、违章站位造成事故

【案例 20】操作位置不当

某矿综采工作面顺槽使用 25 kW 的调度绞车进行运输。当班安排一名司机和一名把钩工给工作面运送 4 个材料车。把钩工先去下头看现场，上头把钩和开绞车均由一人负责。当下头把钩工打点时，司机刚连完车，为了赶快开车，司机站在绞车旁边就开车了，只用单手操作离合闸，没有操作制动闸。当串车行至顺槽中间坡度较大的一段时，钢丝绳受力加大，绞车司机错误地认为串车可能被什么东西拐住了，就松开了离合闸把。串车突然失去了牵引力，反向带绳往下跑，将下头把钩工当场撞死。

事故原因：

（1）绞车司机违章侧位开车。

（2）没有 2 个闸把同时操作。

经验教训：

(1) 绞车司机必须严格按操作规程开车。

(2) 必须同时操作 2 个闸把，以便控制车速。

复习思考题

1. 斜巷运输发生跑车事故主要有哪些原因？

2. 预防斜巷绞车运输发生跑车事故的主要措施有哪些？

第七章　自救、互救与创伤急救

第一节　自救与互救

矿井发生灾害事故时，灾区人员正确开展救灾和避灾，能有效保证灾区人员的自身安全和控制灾情的扩大。大量事实证明，当矿井发生灾害事故后，矿工在万分危急的情况下，依靠自己的智慧和力量，积极、正确地采取救灾、自救、互救措施，能最大限度地减少事故损失和减轻对个人伤害。

一、发生灾害事故时现场人员的行动原则

1. 及时报告灾情

发生灾害事故后，事故附近的人员应尽量了解事故发生的时间、地点、事故性质、灾害程度及人员的伤亡情况、受困情况，并迅速利用最近处的电话或采取其他方式向矿调度室汇报，并迅速向事故可能波及的区域发出警报，使其他工作人员尽快知道灾情。在汇报灾情时，要将看到的异常现象（火烟、飞尘等）、听到的异常声响、感觉到的异常冲击或风流、温度的变化情况如实汇报，并讲清自己所在位置及所见异常现象的传播方向，不能凭主观想象判定事故性质，以免给领导造成错觉，影响救灾。

2. 积极抢救

灾害事故发生后，处于灾区内以及受威胁区域的人员，应沉着冷静。根据灾情和现场条件，在保证自身安全的前提下，采取积极有效的方法和措施，及时投入现场抢救，将事故消灭在初起阶段或控制在最小范围，最大限度地减少事故造成的损失。在抢

救时，必须保持统一的指挥和严密的组织，严禁冒险蛮干和惊慌失措，严禁各行其是和单独行动；要采取防止灾区条件恶化和保障救灾人员安全的措施，特别要提高警惕，避免中毒、窒息、爆炸、触电、二次突出、顶帮二次垮落等次生事故的发生。

3. 安全撤离

当受灾现场不具备抢救的条件，或可能危及人员安全时，应由在场负责人或有经验的老工人带领，根据矿井灾害预防和处理计划中规定的撤退路线和现场巷道结构、风流方向、灾害类型、个人具体位置等实际情况，尽量选择安全条件最好、距离最短的路线，迅速撤离危险区域。在撤退时，要服从领导，听从指挥，根据灾情使用防护用品和器具。遇有溜煤眼、积水区、垮落区等危险地段时，应探明情况，谨慎通过。撤退途中，遇有威胁人员安全的情况发生时，应及时调整撤退路线或合理躲避，决不能强冲硬闯，撤退的路线及方法正确与否是决定自救效果的重要因素。

4. 妥善避灾

如无法撤退（通路被封堵、在自救器有效工作时间内不能到达安全地点等）时，应迅速进入避难硐室躲避。如果难以进入避难硐室，也可寻找相对安全、威胁较小的地点躲避。如有需要并有条件时可采取加装临时密闭等手段，快速搭建相对安全的临时避灾点妥善避灾，切忌盲目行动。在避灾过程中要尽量维持和改善躲避点的生存条件，有效延长生存时间，等待救援。

二、自救器及其使用

《煤矿安全规程》规定：入井人员必须戴安全帽、随身携带自救器和矿灯。自救器是一种轻便、体积小、便于携带、戴用迅速的个人呼吸保护装备。当井下发生火灾、爆炸、煤与瓦斯突出等灾害时，受灾人员及时佩戴自救器，能有效防止中毒或窒息事故的发生。

（一）自救器的种类

自救器分为过滤式和隔离式两大类，具体见表7－1。

表7－1　自救器的种类

种类	名称	防护的有害气体	防护特点
过滤式	CO过滤式自救器	CO	人员呼吸时所需的O_2仍是外界空气中的O_2
隔离式	化学氧自救器	不限	人员呼吸的O_2由自救器本身供给，与外界空气成分无关
	压缩氧自救器	不限	

过滤式自救器质量轻（1000 g）、防护时间长（40～90 min），但致命弱点是只能过滤CO，对其他有害气体不起作用。因过滤式自救器使用条件苛刻、使用时吸气温度高，国家安全监管总局、国家煤矿安监局在《关于发布禁止井工煤矿使用的设备及工艺目录（第三批）的通知》（安监总煤装〔2011〕17号）中规定2012年1月27日以后禁止使用。

隔离式自救器使用时，把人的呼吸系统与外界环境隔离，现场环境中任何气体都不能进入人体的呼吸系统，呼吸所需氧气由自救器提供，所以不受现场有毒气体种类、浓度以及氧气浓度的限制。近年来在煤矿中常用的隔离式自救器型号及参数见表7－2。

表7－2　隔离式自救器常见型号及参数

参数	化学氧		压缩氧
	ZH－30	ZH30(C)	ZY45
防护时间/min	30	30	45
氧气浓度/%	≥21	≥21	≥21
吸气温度/℃	≤55	≤55	≤50
携带质量/g	＜1950	＜1400	＜2300

隔离式化学氧自救器是一种利用化学生氧剂与人呼出的二氧化碳及水汽产生反应生成氧气，提供给人呼吸的一种呼吸保护器。

隔离式压缩氧自救器是由储存高压氧气的气瓶向使用人员提供氧气。隔离式压缩氧自救器提供的氧气性能稳定，但体积、质量均较大，下井人员随身携带会对日常工作有影响，所以多作备用。

根据有关规定，当前全国大多数煤矿使用化学氧自救器作为下井人员随身携带的自救器，压缩氧自救器只有个别煤矿使用，多数煤矿作为备用。这里以 ZH30(C)化学氧自救器为例，作重点介绍。

（二）ZH30(C)隔离式化学氧自救器

1. ZH30(C)化学氧自救器的构造

图 7－1 的是 ZH30(C)化学氧自救器的结构构造。外部结构由封口装置、腰带扣、上下外壳组成，内部构造由下壳（药罐)、气囊、口具、口具塞、鼻夹、启动装置、防护垫组成。

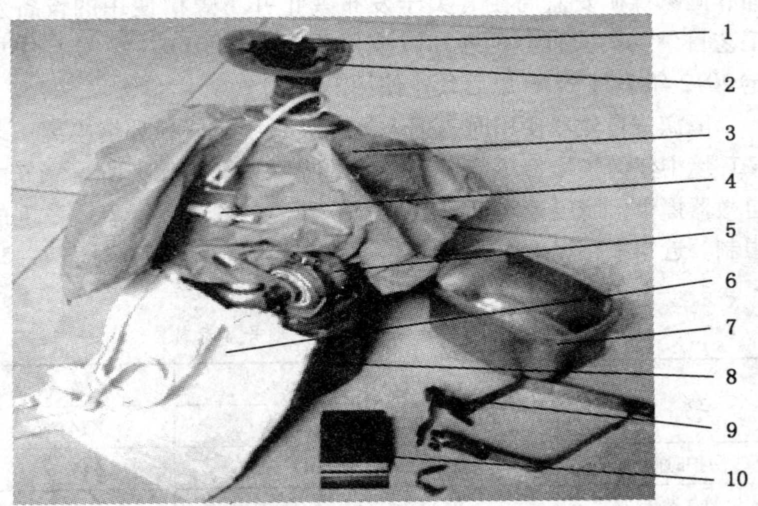

1—口具塞；2—口具；3—气囊；4—鼻夹；5—启动装置；6—防护垫；7—上壳；8—下壳（药罐）；9—封口装置；10—腰带扣

图 7－1　ZH30(C)化学氧自救器结构构造

2. ZH30(C)化学氧自救器的工作原理

图7-2是ZH30(C)化学氧自救器的工作原理示意图。使用该型自救器时口具咬在嘴里，吸气时吸气阀打开，氧气从气囊通过呼吸软管进入口中，如图7-2a所示。呼气时呼气阀打开，呼

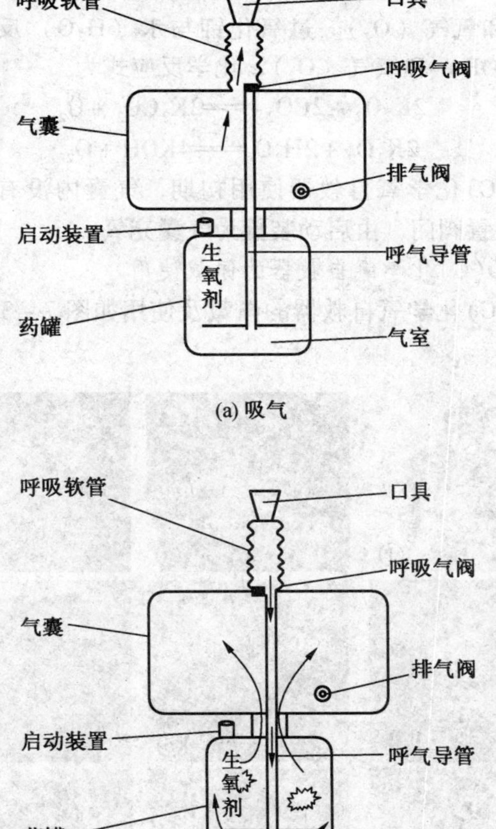

(a) 吸气

(b) 呼气

图7-2　ZH30(C)化学氧自救器的工作原理示意图

出的二氧化碳和水汽通过呼气导管到达药罐底部气室，然后进入药罐，与药罐中生氧剂充分接触，产生化学反应，生成氧气，补充到气囊，如图 7－2b 所示。

生氧剂多使用过氧化钾片剂（K_2O_2），当药罐中的过氧化钾和二氧化碳（CO_2）相遇时，会产生化学反应，生成碳酸钾（K_2CO_3）和氧气（O_2）。过氧化钾与水（H_2O）反应，生成氢氧化钾（KOH）和氧气（O_2），化学反应式为

$$2K_2O_2 + 2CO_2 = 2K_2CO_3 + O_2$$

$$2K_2O_2 + 2H_2O = 4KOH + O_2$$

ZH30(C)化学氧自救器使用初期，气囊内没有氧气，这时打开启动装置阀门，由启动装置为气囊充氧。

3. ZH30(C)化学氧自救器的佩戴使用

ZH30(C)化学氧自救器的佩戴及使用如图 7－3 所示，具体步骤如下：

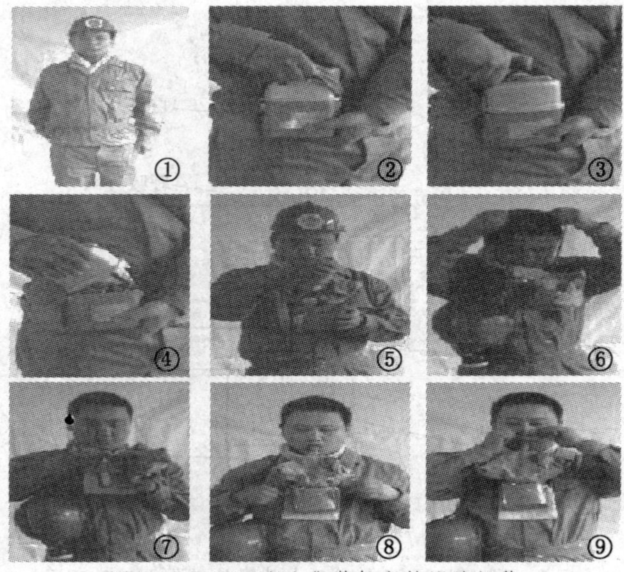

图 7－3　ZH30(C)化学氧自救器的佩戴

（1）佩戴位置:将自救器挂在背部右侧腰间,尽量避免撞击。

（2）打开保护罩：使用时将自救器转至腹前，右手拉下保护罩，使保护罩脱离壳体后扔掉。

（3）开启封印条：用右手拇指扳掀开启扳手，将封印条扳断并扔掉。

（4）去掉上外壳：左手握住生氧药罐（下外壳），右手将上外壳拔出扔掉。

（5）展开气囊：两手展开气囊并保证气囊平整，将有口具的一面贴身。

（6）带脖带：双手提起自救器脖带，将自救器套在脖颈上。

（7）开启启动装置：左手握住自救器，右手拇指扳掀启动阀片，按顺时针方向转动启动阀片，启动装置启动生氧，氧气进入气囊。

（8）咬口具：拔掉口具塞后将口具放入口中，口具片应放在唇齿之间，牙齿咬紧牙垫，闭紧嘴唇。

（9）带鼻夹：双手拉开鼻夹弹簧，使鼻夹准确夹住鼻子，用嘴呼吸，然后开始撤离灾区。

4. 使用注意事项

（1）有火灾或瓦斯爆炸现象出现时，立即佩戴自救器。

（2）吸气时有干、热感觉，有盐味或碱味，为正常现象，严禁取下口具、鼻夹进行呼吸或讲话。

（3）撤离时行走应沉着平静,呼吸均匀,行走速度不可太快。

（4）如启动装置不能给气囊充氧，可在夹鼻前向气囊吹气3~5口，药罐内生氧剂开始反应后，即可正常使用。

（5）撤退途中注意保护气囊，防止氧气损失。

（6）平时要避免摔碰自救器，不许坐用自救器，防止其漏气失效。

（三）隔离式压缩氧自救器

隔离式压缩氧自救器是利用压缩氧气供氧的隔离式呼吸保护

器，是一种可反复多次使用的自救器，每次使用后，只需更换吸收二氧化碳的氢氧化钙吸收剂和重新充装氧气，即可重复使用。

ZY45 型隔离式压缩氧自救器，因外形较大（225 mm × 177 mm × 96 mm）、携带较重（2300 g），主要用作避难硐室及重要部位的备用自救器，个别矿井配备给下井人员随身佩戴使用。

三、煤矿井下安全避险系统

（一）井下安全避险“六大系统”

1. 矿井安全监测监控系统

煤矿企业必须按照《煤矿安全监控系统及检测仪器使用管理规范》（AQ 1029—2007）的要求，建设完善的安全监控系统，实现对煤矿井下瓦斯浓度、一氧化碳浓度、温度、风速等的动态监控，为煤矿安全管理提供决策依据。要加强安全监控系统设备维护，定期进行调试、校正，及时升级、拓展系统功能和监控范围，确保设备性能完好，系统灵敏可靠。

2. 煤矿井下人员定位系统

煤矿企业必须按照《煤矿井下作业人员管理系统使用与管理规范》（AQ 1048—2007）的要求，建设完善井下人员定位系统，并做好系统的维护和升级改造工作，保障系统安全可靠运行。所有入井人员必须携带识别卡（或具备定位功能的无线通信设备），确保能够实时掌握井下各作业区域人员的动态分布及变化情况。

3. 井下紧急避险系统

煤矿企业必须按照《煤矿安全规程》的要求，为入井人员配备额定防护时间不低于 30 min 的自救器。煤与瓦斯突出矿井应建设采区避难硐室，突出煤层的掘进巷道长度及采煤工作面走向长度超过 500 m 时，必须在距离工作面 500 m 范围内建设避难硐室或设置救生舱。煤与瓦斯突出矿井以外的其他矿井，从采掘工作面步行，凡在自救器所能提供的额定防护时间内不能安全撤到地面的，必须在距离采掘工作面1000 m范围内建设避难硐室或救生舱。

4. 矿井压风自救系统

煤矿企业必须在按照《煤矿安全规程》要求建立压风系统的基础上，按照所有采掘作业地点在灾变期间能够提供压风供气的要求，进一步建设完善的压风自救系统。空气压缩机应设置在地面；深部多水平开采的矿井，空气压缩机安装在地面难以保证对井下作业点有效供风时，可在其供风水平以上两个水平的进风井井底车场安全可靠的位置安装，但不得使用滑片式空气压缩机。井下压风管路要采取保护措施，防止因灾变而破坏。

5. 矿井供水施救系统

煤矿企业必须按照《煤矿安全规程》的要求，建设完善的防尘供水系统。除按要求设置三通及阀门外，还要在所有采掘工作面和其他人员相对集中的地点设置供水阀门，保证各采掘作业地点在灾变期间能够提供应急供水。要加强供水管路的维护，不得出现跑、冒、滴、漏现象，保证供水阀门开关灵活。

6. 矿井通信联络系统

煤矿企业必须按照《煤矿安全规程》的要求，建设井下通信系统，并按照在灾变期间能够及时通知人员撤离和实现与避险人员通话的要求，进一步建设完善的通信联络系统。应在主副井绞车房、井底车场、运输调度室、采区变电所、水泵房等主要机电设备硐室和采掘工作面以及采区、水平最高点安设电话。井下避难硐室（救生舱）、井下主要水泵房、井下中央变电所和突出煤层采掘工作面、爆破时撤离人员的集中地点，必须设有直通矿调度室的电话。要积极推广使用井下无线通信系统、井下广播系统。发生险情时，要及时通知井下人员撤离。

（二）井下紧急避险系统

1. 井下紧急避险系统的概念

煤矿井下紧急避险系统是指在煤矿井下发生紧急情况下，为遇险人员安全避险提供生命保障的设施、设备、措施组成的有机整体。紧急避险系统建设的内容包括为入井人员提供自救器、建设井下紧急避险设施、合理设置避灾路线、科学制定应急预案等。

2. 在避灾地点避灾时的注意事项

在避难硐室、救生舱或临时避灾地点避难时，应遵守以下注意事项：

（1）进入避灾地点前，应在交岔口留有衣物、矿灯等明显标志，以便救护队及时发现。

（2）避灾人员要情绪稳定、团结互助，保持良好的心理状态，树立获救的坚定信念。

（3）避灾人员待救时应保持安静，静止休息，保持体力，减少体能及氧气消耗。

（4）充分、合理地使用水、食物和压缩空气。

（5）保留一盏矿灯用作照明，其余关闭备用，人少时全部关闭照明装置，只在关键时使用。

（6）间断敲打管道、铁轨或岩石等，发出求救信号。

（7）被水围困、水位下降时，不要急于走出避难地点，以防中毒。

（8）避灾人员获救时，应控制情绪，不要过分激动，以防血管破裂。

四、各类灾害事故发生时避灾自救与互救措施

（一）瓦斯与煤尘爆炸事故发生时的自救与互救

1. 防止瓦斯爆炸时遭受伤害的措施

据亲身经历过瓦斯爆炸的人员回忆，爆炸冲击波到达之前，可能会感觉到附近空气有颤动的现象，有时还发出“嘶嘶”的空气流动声。

现场人员一旦发现这种情况，要沉着、冷静，采取措施进行

自救。可采取如下方法：背向空气颤动的方向，俯卧倒地，面部贴在地面，降低身体高度，避开爆炸冲击波的强力冲击，并暂时停止呼吸，用毛巾捂住口鼻，以防止将火焰吸入肺部。最好用衣物盖住身体，尽量减少身体暴露面积，以减少烧伤。瓦斯爆炸发生后，要迅速按规定佩戴好自救器，弄清避灾方向，沿着避灾路线，尽快撤退到新鲜风流中。若巷道破坏严重，可到支架较完整的地点躲避，等待救援。

2. 掘进工作面瓦斯爆炸后，矿工的自救与互救措施

如发生小型爆炸，掘进巷道和支架基本未遭到破坏，遇险矿工未受直接伤害或受伤不严重时，应立即打开随身携带的自救器，佩戴好后迅速撤出受灾巷道，到达新鲜风流中。对于附近的伤员，要协助其佩戴好自救器，帮助其撤出危险区；对于不能行走的伤员，在靠近新鲜风流 30 ~ 50 m 范围内，要设法将其抬运到新鲜风流中；如距离远，则只能为其佩戴自救器，不可抬运。撤出灾区后，要立即向矿调度室报告。

如发生大型爆炸，掘进巷道遭到破坏，退路被阻，但遇险矿工受伤不严重时，应及时佩戴自救器，设法疏通巷道，尽快撤到新鲜风流中。如巷道难以疏通，应坐在支护良好的棚子下，或利用一切可能的条件改善躲避地点的生存条件，相互安慰，稳定情绪，等待救助，并发出有规律的呼救信号。对于受伤严重的矿工，要为其佩戴好自救器，使其静卧待救。如有压风管道，应充分利用，争取补充新鲜空气。

3. 采煤工作面瓦斯爆炸后，矿工的自救与互救措施

如果采煤工作面进回风巷没有垮落堵死，通风系统破坏不大，所产生的有害气体，较易被排除。这种情况下，采煤工作面进风侧的人员一般不会受到严重伤害，应迎风撤出灾区。回风侧的人员要迅速佩戴自救器，经最近的路线转入进风侧。

如果因爆炸造成严重的塌落冒顶，通风系统被破坏，爆源的进、回风侧都会聚积大量的一氧化碳和其他有害气体，该范围内

所有人员都有发生一氧化碳中毒的可能。因此，在爆炸后，没有受到严重伤害的人员，要立即佩戴自救器。在进风侧的人员要逆风撤出，在回风侧的人员要设法经最短路线，撤退到新鲜风流中。如果冒顶严重，撤不出来时，首先要佩戴好自救器，并协助重伤员在较安全的地点待救；附近有独头巷道时，也可进入暂避，并尽可能用木料、风筒等设立临时避难场所，并把矿灯、衣物等明显的标识物挂在避难场所外明显的地方，然后进入巷道内静卧待救。

（二）*矿井火灾事故发生时的自救与互救*

（1）首先要尽最大可能迅速了解或判明事故的性质、地点、范围和事故区域的巷道情况，风流及火灾烟气蔓延的速度、方向，以及与自身所处巷道位置之间的关系，并根据矿井灾害预防和处理计划，结合现场的实际情况，确定撤退路线和避灾自救的方法。

（2）撤退时，不要惊慌，不能狂奔乱跑，应在现场负责人及有经验的老工人带领下有组织地撤退。

（3）位于火源进风侧的人员，应迎着新鲜风流撤退。

（4）位于火源回风侧的人员，或在撤退途中遇到烟气有中毒危险时，应迅速戴好自救器，尽快通过捷径绕到新鲜风流中，或在烟气没有到达之前，顺着风流尽快从回风出口撤到安全地点。如果距火源较近而且穿过火区没有危险时，也可迅速穿过火区，撤到火区的进风侧。

（5）如果在自救器有效作用时间内不能安全撤出时，应在设有储存备用自救器的硐室换用自救器后再行撤退，或是寻找有压风管路系统的地点，利用压缩空气供给呼吸。

（6）撤退行动既要迅速果断，要快而不乱。撤退中应靠近巷道连通出口的一侧行进，避免错过脱离危险区的机会。同时，还要随时注意观察巷道和风流的变化情况，谨防火风压可能造成的风流逆转。

(7) 如果逆风或顺风撤退，都无法躲避着火巷道或火灾烟气可能造成的危害时，则应迅速进入避难硐室；没有避难硐室时，应在烟气袭来之前，就近选择合适的地点，快速构筑临时避难场所，进行避灾自救。

(8) 逆烟撤退具有很大的危险性，在一般情况下不采用。除非是在附近有脱离危险区的通道出口，而且又有脱离危险区的把握；或是只有逆烟撤退才有争取生存的希望时，才采取这种撤退方法。

(9) 撤退途中，如果有平行并列巷道或交岔巷道时，应靠近有平行并列巷道和交岔巷口的一侧撤退，并随时注意这些出口的位置，尽快寻找脱险路线。在烟雾大、视线不清的情况下，要摸着巷道壁前进，以免错过连通出口。

(10) 当烟雾在巷道内流动时，一般巷道空间的上部烟雾浓度大、温度高、能见度低，对人的危害也较大，而靠近巷道底板情况要好一些，有时巷道底部还有比较新鲜的低温空气流动。因此，在有烟雾的巷道内撤退时，在烟雾不严重的情况下，即使为了加快速度，也不应直立奔跑，而应尽量躬身弯腰，低着头快速前进。如烟雾大、视线不清或温度高时，则应尽量贴着巷道底板和巷壁，摸着铁道或管道等爬行撤退。

(11) 在高温、浓烟的巷道撤退时，还应注意利用巷道内的水，采用浸湿毛巾、衣物或向身上淋水等方法进行降温，或是利用随身物件遮挡头面部，以防高温烟气的刺激。

(12) 在撤退过程中，当发现有发生爆炸的前兆时，有条件的话要立即避开爆炸的正面巷道，进入旁侧巷道，或进入巷道内的躲避硐室。如果情况紧急，应迅速背向爆源，靠巷道的一帮就地顺着巷道爬卧，面部朝下紧贴巷道底板，用双臂护住头面部，并尽量减少皮肤的外露部分。如果巷道内有水坑或水沟，则应顺势爬入水中。在爆炸发生的瞬间，要尽力屏住呼吸或是闭气，将头面部浸入水中，防止吸入爆炸火焰及高温有害气体，同时要以最快的动作戴好自救器。爆炸过后，应稍事观察，待没有异常变化时，及时辨明灾害情况和避灾方向，沿着安全避灾路线，尽快撤离灾区，转入有新鲜风流的安全地带。

（三）矿井透水事故发生时的自救与互救

（1）矿井透水后，应在可能的情况下迅速观察和判断透水的地点、水源、涌水量、发生原因、危害程度等情况，根据灾害预防和处理计划中规定的撤退路线，迅速撤退到透水地点以上的水平，不能进入透水点附近及下方的独头巷道。

（2）行进中，应靠近巷道一侧，抓牢支架或其他固定物体，尽量避开压力水头和泄水流，并注意防止被水冲倒。

（3）如透水破坏了巷道中的照明和路标，遇险人员迷失行进方向，则应朝着有风流通过的上山巷道方向撤退。

（4）在撤退沿途和所经过的巷道交岔口，应留设指示行进方向的明显标志，以提示救护人员。

（5）人员撤退到竖井，需从梯子间向上爬时，应遵守秩序，禁止慌乱和争抢。行动中手要抓牢，脚要蹬稳，切实注意自己和他人的安全。

（6）如唯一的出口被水封堵、无法撤退时，应有组织地在独头工作面躲避待救，严禁盲目潜水逃生等冒险行为的发生。

（7）现场人员被涌水围困、无法退出时，应迅速进入预先筑好的避难硐室中避灾，或选择合适地点，快速建筑临时避难场所避灾。迫不得已时，可爬到巷道高处等待救援。

（四）冒顶事故发生时的自救与互救

1. 采煤工作面冒顶时的自救与互救

（1）迅速撤退到安全地点。当发现工作地点有即将发生冒顶的征兆，而又难以采取措施以防止采煤工作面顶板垮落时，最好的避灾措施是迅速离开危险区，撤退到安全地点。

（2）遇险时要靠煤帮贴身站立或到木垛处避灾。从采煤工作面发生冒顶的实际情况来看，顶板沿煤壁垮落是很少见的。因此，当发生冒顶来不及撤退到安全地点时，遇险者应靠煤帮贴身站立避灾，但要注意防止煤壁片帮伤人。

（3）遇险后立即发出呼救信号。冒顶对人员的伤害主要是砸伤、掩埋或隔堵。冒顶基本稳定后，遇险者应立即采用呼叫、敲打等方法，发出有规律、不间断的呼救信号，以便救护人员和撤出人员了解灾情，组织力量进行抢救。

（4）遇险人员要积极配合外部的营救工作。冒顶后被煤矸、物料等埋压的人员，不要惊慌失措，在条件不允许时切忌采用猛烈挣扎的办法脱险，以免造成事故扩大。被冒顶隔堵的人员，应在遇险地点有组织地维护好自身安全，构筑脱险通道，配合外部的营救工作，为提前脱险创造良好条件。

2. 独头巷道迎头冒顶被堵人员的自救与互救

（1）遇险人员要正视已发生的灾害，切忌惊慌失措。应迅速组织起来，主动听从灾区中班组长和有经验老工人的指挥。团结协作，尽量减少体力和隔堵区的氧气消耗，有计划地使用饮水、食物和矿灯等，做好长时间避灾的准备。

（2）如被困地点有电话，应立即用电话汇报灾情、遇险人数和计划采取的避灾自救措施。否则，应采取敲击钢轨、管道和岩石等方法，发出有规律的呼救信号，以便救援人员及时了解灾情，组织力量进行抢救。

（3）维护加固垮落地点和人员躲避处的支架，并经常派人检查，以防冒顶进一步扩大，保障避灾人员的人身安全。

（4）如人员被困地点有压风管，应打开压风管向被困人员输送新鲜空气，并稀释被隔堵空间的瓦斯，但要注意保暖。

第二节 创伤急救

在事故现场，对伤员实施现场创伤急救，可减轻伤员痛苦，防止伤情恶化，防止和减少并发症的发生，挽救濒临死亡人员的生命。只有掌握现场创伤急救技术及方法，才能在发生意外伤害时，使伤员得到及时正确的救护。

一、概述

1. 创伤急救的概念

创伤急救（创伤现场急救），是指在创伤发生的现场实施的、以紧急挽救伤员生命或防止伤情恶化或发展（二次损伤）为目的的院前抢救措施的总称。

2. 创伤现场急救的主要内容

创伤现场急救主要包括通畅呼吸道、人工呼吸、心脏按压、止血、包扎、骨折临时固定和伤员搬运等内容。

3. 创伤现场急救的原则

矿井中发生火灾、爆炸、水灾、冒顶等事故后，遇险人员可能出现中毒、窒息、烧伤、大出血、骨折等创伤。救护队到来之前，现场人员应对伤员进行及时、妥当的急救，必须遵守“三先三后”的原则，即对窒息的伤员，先复苏后搬运；对出血的伤员，先止血后搬运；对骨折的伤员，先固定后搬运。

二、伤情的判断与分类

在井下事故中，一旦出现大批伤员，一般是先救重伤员，后救轻伤员，因此必须对伤员的伤情进行判断分类。

首先检查心跳、呼吸和瞳孔三大体征，并观察伤员的神志情况。正常人心跳频率为 60 ~ 100 次/min，出现严重创伤、大出血时，心跳加快。正常人呼吸频率为 16 ~ 20 次/min，垂危伤员呼吸呈变快、变浅或不规则特点。正常人两侧瞳孔等大等圆，遇到光线能迅速收缩变小，医学上称之为对光反应存在。严重颅脑伤的伤员，两侧瞳孔不等大，对光反应迟钝或消失。正常人神志清楚，对外来刺激反应敏捷，伤势严重的伤员神志模糊或昏迷，对外来刺激没有反应。通过以上简单检查，就可对伤情的轻重做出初步判断。

1. 危重伤员

对外伤性窒息、心脏骤停、深度昏迷、严重休克、大出血等类伤员须立即抢救，并在严密观察或抢救下，迅速送到医院。

2. 重伤员

对骨折及脱位、严重挤压伤、大面积软组织挫伤、内脏损伤等伤员，多需手术治疗。对需要做手术的，应迅速送医院。对暂缓手术的，应注意预防休克。

3. 轻伤员

对软组织擦伤、裂伤、一般挫伤等伤员，可在井口保健站进行处置，不必送医院。

如遇到一个伤员有多处外伤或复合伤时，应先使伤员的呼吸道通畅，止住大出血以防止休克，其次处理骨折，最后处理一般伤口。

三、现场创伤急救技术

现场创伤急救技术，包括呼吸、心跳停止抢救术（即心肺复苏），止血，创伤包扎，骨折临时固定及伤员搬运。

（一）呼吸、心跳停止的抢救

1. 通畅呼吸道

给伤员通畅呼吸道，首先需清除口内异物（泥砂、煤粉、呕吐物等）；然后将把舌头拉出或压住，防止堵住喉咙，妨碍呼吸，影响人工呼吸的效果；最后打开气道，使舌根抬起离开咽后壁。

2. 人工呼吸

人工呼吸适用于因触电休克、溺水、有害气体中毒窒息或外伤窒息等引起的呼吸停止。如果呼吸停止不久，一般都能通过人工呼吸抢救过来。人工呼吸的常用方法如下：

1）口对口吹气法

口对口吹气人工呼吸法如图 7－4 所示。它是效果最好、操作最简单的一种人工呼吸方法，操作方法如下：

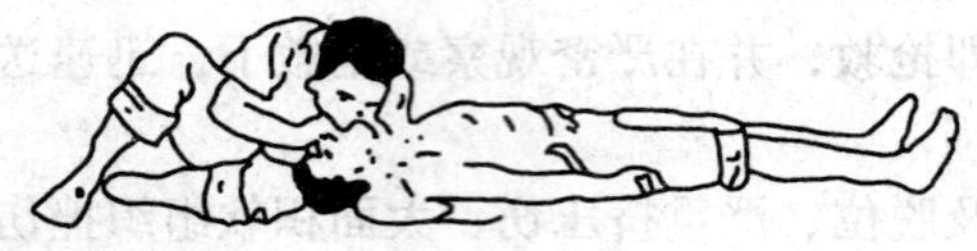

图 7－4　口对口吹气人工呼吸法

（1）在保持呼吸道通畅、伤员口部张开的情况下进行。

（2）用按在前额手的拇指和食指，捏住伤员的鼻孔。

（3）施救人员深吸一口气后，张开口贴紧伤员的嘴（要把伤员的口部完全包住）。

（4）深而快地向伤员口内用力吹气，直至伤员胸廓向上抬起为止。

（5）每次吹入气量为 800～1200 mL。

（6）一次吹气完毕后，立即与伤员口部脱离，轻轻抬起头部，眼视伤员胸部，吸入新鲜空气，以便作下一次人工呼吸。同时，使伤员的口张开，放松捏鼻的手，以便伤员从口、鼻呼气。此时伤员胸部向下塌陷，有气流从口鼻排出。

（7）有节律、均匀反复进行上述动作，吹气频率为 14～16 次/min。注意吹气时切勿过猛、过短，时间不宜过长，以占一次呼吸周期的 1/3 为宜。

2）仰卧压胸法

仰卧压胸人工呼吸法如图 7－5 所示，具体操作方法如下：

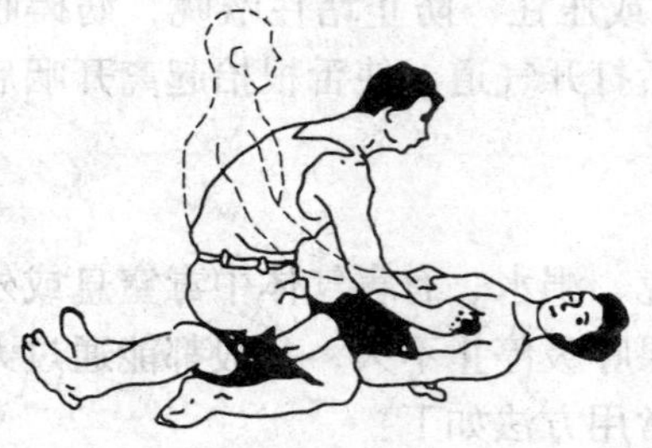

图 7－5　仰卧压胸人工呼吸法

（1）伤员取仰卧位，头偏向一侧，背部稍垫高，使胸部凸起。

（2）救护者双膝跨跪在伤员大腿两侧，将双手平放在伤员胸部稍下部位（相当于第六、七对肋骨处），双手大拇指向内，靠近伤员胸骨下端，其余四指微弯向外，手掌根贴紧伤员胸廓肋骨。

（3）救护者俯身向前，两臂伸直，依靠体重和臂力推压伤员胸廓，使其胸腔缩小，迫使气体由其肺内排出，形成呼气；然后再将双手松开，身体向后，使伤员胸廓扩张，空气进入其肺内形成吸气。

（4）按上述动作，反复、有节律地进行，频率为 16 ~ 20 次/min，直到伤者恢复正常呼吸为止。

该法不适用于胸部外伤或 SO_2、NO_2 中毒者，也不能与胸外心脏挤压法同时进行。

3）俯卧压背法

俯卧压背人工呼吸法如图 7 – 6 所示，具体操作方法如下：

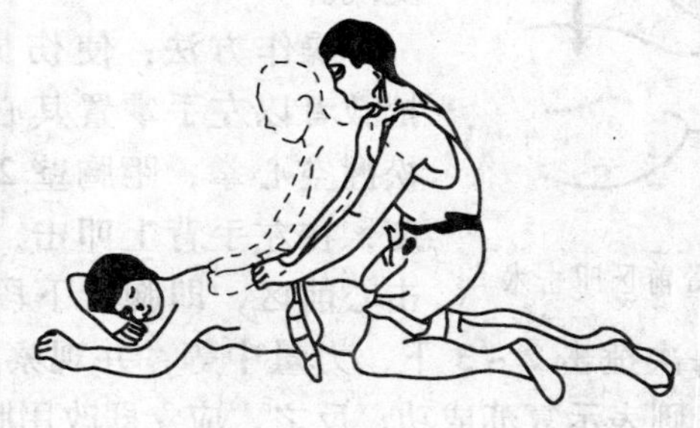

图 7 – 6　俯卧压背人工呼吸法

（1）伤员取俯卧位，即胸腹贴地，背朝天，腹部可微微垫高，头偏向一侧，两臂前伸过头，或一臂枕于头下，另一臂向外伸开，以使胸廓扩张。

（2）救护人面向其头，两腿曲膝跪于伤员大腿两侧，把两手平放在其背部肩胛骨下角（大约相当于第七对肋骨处）处、脊柱骨左右，大拇指靠近脊柱骨，其余四指稍开、微弯。

(3) 按压方向、力量、操作要领及呼吸频率与仰卧压胸法相同。

该法可用于触电、溺水人员的呼吸停止抢救，因为这种方法便于排出肺内水分，因此对溺水急救较为适用，但胸背部受伤者不能用。

3. 心脏复苏

心脏复苏的方法主要有心前区叩击术和胸外心脏按压术两种。

1) 心前区叩击术

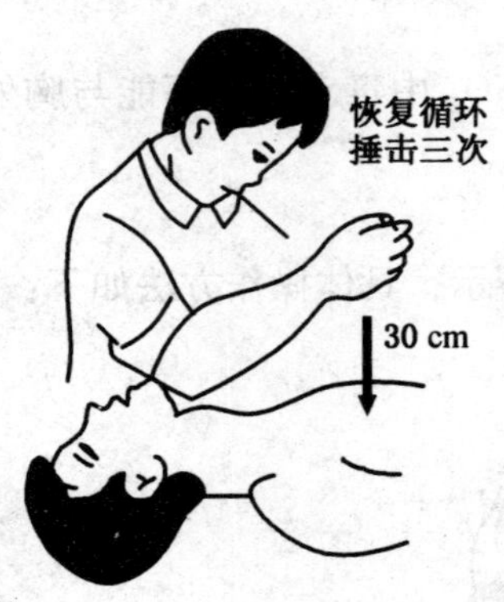

图7－7 心前区叩击术

心前区叩击术如图7－7所示。在心搏骤停后的90 s内，心脏应激性最高，此时拳击心前区，可使心肌兴奋并产生电综合波，促使心脏复跳。

操作方法：使伤员头低脚高，抢救者以左手掌置其心前区，右手松握空心拳，距胸壁20～30 cm高度，在左手背上叩击，垂直向下捶击心前区，即胸骨下段。每1～2 s捶击一下，每次捶击2～3下，力量中等，并观察脉搏、心音。若恢复心跳，则表示复苏成功；反之，应立即改用胸外心脏按压术。

注意事项：

(1) 捶击不宜反复进行，最多不宜超过两次。

(2) 捶击时用力不宜过猛，以防肋骨骨折。

2) 胸外心脏按压术

胸外心脏按压术如图7－8所示。心脏停跳，血液循环随即中断，这意味着生命活动即将停止。用人为的外部力量，挤压心脏，使心脏重新进行工作，血液循环得以恢复的方法，称为胸外心脏按压术。该法是应用最广、操作简单、效果可靠的心脏复苏方法。

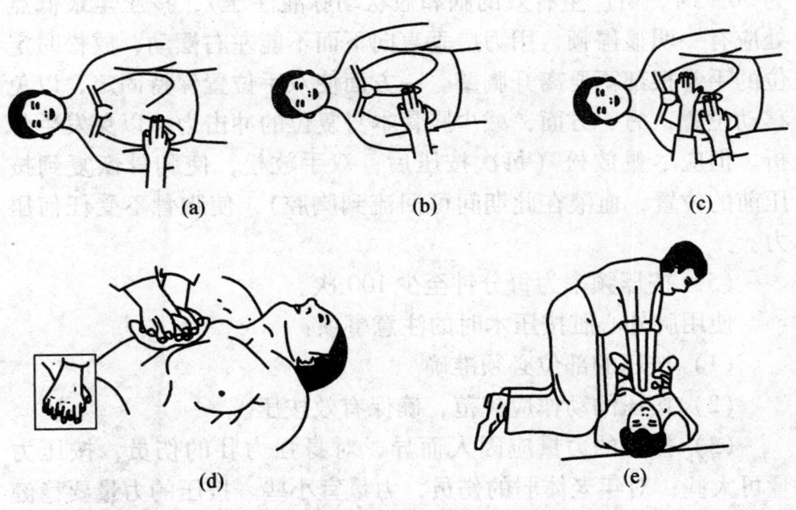

图 7-8 胸外心脏按压术

胸外心脏按压术操作方法如下：

（1）迅速使伤员仰卧在硬板或地上，暴露胸部。

（2）随即快速测定按压部位，即胸骨中、下 1/3 交界处的正中线上。抢救者可将一手的食指与中指并拢，沿伤员一侧的肋弓向中间滑移，在两侧肋弓的交点处摸到胸骨下切迹，然后将并拢的食指及中指横放在胸骨下切迹上方，以另一手的掌根部紧贴食指，掌根部即为按压区，固定不要移动。此时，可将定位的手取下，而将掌根重叠放上，并将两手的手指相互交叉，以使下面手的手指抬起（以避免按压时损伤肋骨）。

（3）抢救者的双臂应绷直，两肘关节固定不动，双肩在伤者胸骨上方正中，利用上半身体重量和肩、臂部肌肉的力量，垂直向下用力按压，按压幅度使胸骨下陷至少 5 cm。

（4）按压应平稳而有规律地进行，不能间断，下压及向上放松的时间大致相等（在一次按压周期内，按压与放松时间各为 50% 时，可产生有效的脑和冠状动脉灌注压），按压至最低点处应有一明显停顿，用力应垂直向下而不能左右摆动，放松时定位的手掌根部不要离开胸壁。一方面使双手位置保持固定，以免移动位置；另一方面，减少胸骨本身复位的冲击力，以免发生骨折。但应尽量放松（每次按压后，双手放松，使胸骨恢复到按压前的位置，血液在此期间可回流到胸腔），使胸骨不受任何压力。

（5）按压频率为每分钟至少 100 次。

使用胸外心脏按压术时的注意事项：

（1）按压的部位必须准确。

（2）按压的动作应规范，确保有效按压。

（3）按压的力量应因人而异，对身强力壮的伤员，按压力量可大些；对年老体弱的伤员，力量宜小些。按压的力量要稳健有力，均匀规则，重心应放在手掌根部，着力点仅在胸骨处，切勿在心尖部按压。同时，注意用力不能过猛，否则可导致肋骨骨折、心包积血，或引起气胸等。

4. 现场心肺复苏术

1）操作步骤

单人操作时，胸外按压与口对口吹气操作比例为 4∶1，即每做 4 次胸外按压，做 1 次口对口吹气。然后再在胸部重新定位按压，如此反复进行，不能间断。

进行双人心肺复苏操作时，一人位于伤员身旁，进行胸外按压；另一人位于伤者头旁侧，保持气道通畅，监测颈动脉搏动，评价按压效果，并进行口对口呼吸。两人必须配合协调，吹气必须在胸外按压的松弛时间内完成，而按压必须紧接在吹气完成后，如此反复连续进行。胸外按压与口对口吹气操作比例为

15∶2，即每做15次胸外按压，做2次口对口吹气。当按压胸部的人员疲劳时，两人可相互对换。

2）心肺复苏有效的标志

（1）按压时能摸到大动脉搏动，收缩压在60 mmHg（8 kPa）以上。

（2）患者面色、口唇、指甲及皮肤等色泽逐渐转为红润。

（3）扩大的瞳孔开始缩小。

（4）出现自主呼吸。

（5）神志逐渐恢复，有眼球活动，出现睫毛反射与对光反射，甚至出现手脚抽动，肌张力增加。

（二）止血

止血方法很多，常用的现场止血方法有以下几种：

1. 指压动脉止血法

在现场急救中最快速、最简单、最有效的临时性止血方法是指压动脉止血法，该法适用于头、面部和四肢动脉的大出血止血。在伤口附近靠近心脏一端的动脉处用单个或多个手指、手掌或拳头将血管压在骨骼上，以阻断血流。

指压止血法各部位按压点如下（图7－9）：

（1）头顶前部出血：在伤侧耳前，对准耳屏前上方，用拇指压迫颞浅动脉。

（2）头枕部出血：用拇指压迫耳垂后的耳后动脉及后颈窝凹陷处的枕动脉。

（3）面部出血：用拇指压迫伤侧下颌骨与咀嚼肌前方交界处的面动脉。

（4）头颈部出血：四个手指并拢压迫伤侧颈动脉，将颈动脉压向颈椎。注意不能同时压迫两侧颈动脉，以免造成脑缺血坏死，压迫时间也不能太长，以免造成危险。

（5）肩腋部出血：用拇指压迫伤侧锁骨上窝，对准第一肋骨，压住锁骨下动脉。

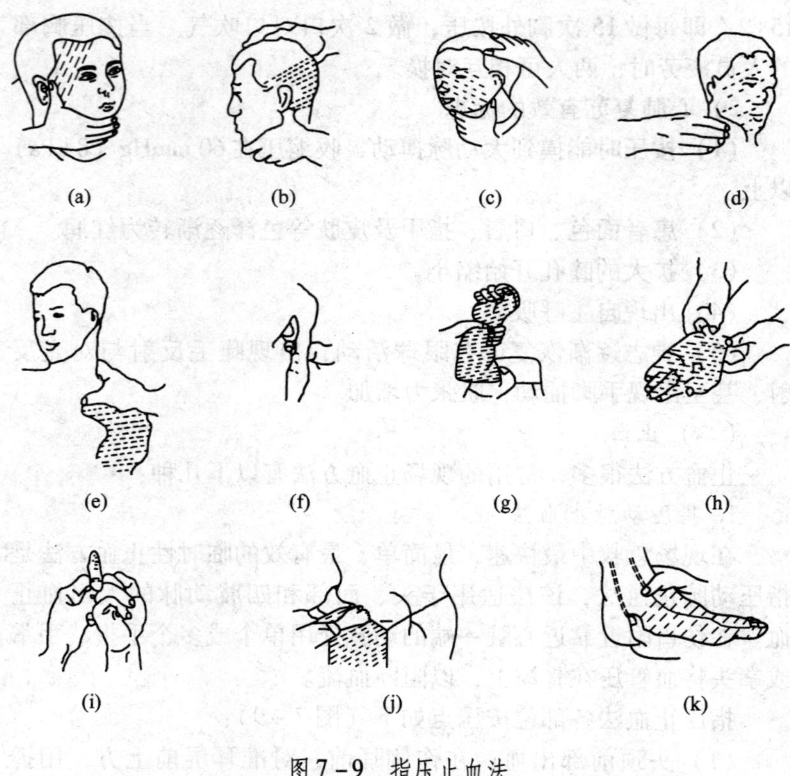

图 7-9　指压止血法

（6）上臂出血：一手抬高患肢，另一手用四指将肱动脉压于肱骨上。

（7）前臂出血：将患肢抬高，用四指压在肘窝肱二头肌腱内侧的肱动脉末端。

（8）手掌出血：将患肢抬高，用两手拇指分别压迫手腕部的尺、桡动脉。

（9）手指出血：用拇、食指使劲捏住伤手的手指根部，分别压迫手指两侧动脉。

（10）大腿出血：在腹股沟中点稍下方，用双手拇指或拳头向后用力压迫股动脉。

（11）足部出血：用两手拇指分别压迫足背动脉，以及内踝与跟腱之间的胫后动脉。

2. 加压包扎止血法

加压包扎止血法是最常用的有效止血方法，适用于全身各部位。当体表和四肢小动脉或静脉出血时，多数可使用该方法止血。具体操作方法是用无菌厚敷料覆盖在伤口处，再用绷带、毛巾或三角巾适当加压包扎，即可止血。其压力以能达到止血而不影响血液循环为宜。

3. 止血带止血法

止血带止血法适用于四肢动脉大出血。止血带使用注意事项如下：

（1）扎止血带前，应先将伤肢抬高，防止肢体远端因淤血而增加失血量。

（2）扎止血带时要有衬垫，不能直接扎在皮肤上，以免损伤皮下神经。

（3）上肢应扎在上臂的上 1/3 处，下肢应扎在大腿的中下 1/3 处。前臂和小腿不适于扎止血带，因其均有两根平行的骨干，骨间可通血流，所以止血效果差。但在肢体离断后的残端可使用止血带，要尽量扎在靠近残端处。

（4）禁止扎在上臂的中段，以免压伤桡神经，引起腕下垂。

（5）止血带的压力要适中，既达到阻断血流，不损伤周围组织为宜。

（6）止血带止血持续时间一般不超过 1 h，止血时间太长可导致肢体缺血坏死。因此，使用止血带的伤员必须配有明显标志，并准确记录开始扎止血带的时间，每 0.5 ~ 1 h 缓慢放松一次止血带，放松时间为 1 ~ 3 min，此时可抬高伤肢压迫局部止血。在扎止血带时，要偏离原绑扎部位，不可在同一部位反复绑扎。伤员经初步止血后，应尽快送医院救治。

4. 加垫曲肢止血法

当前臂和小腿动脉出血不能止住时，如果没有骨折和关节脱位，这时可采用加垫曲肢止血法，利用肘窝、膝窝肢体自然弯曲加压曲肢，而达到止血的目的。

操作方法：在肘窝或膝窝处放入叠好的毛巾或布卷，然后曲肘关节或曲膝关节，再用绷带或宽布条等将前臂与上臂，或小腿与大腿固定。

(三) 包扎

包扎的目的：保护伤口和创面，减少感染；减轻痛苦；加压包扎有止血作用；用夹板固定骨折的肢体时需要包扎，以减少继发性损伤，也利于送医。

包扎材料有绷带、三角巾，或毛巾、手帕、衣服等。包扎的方法有如下几种。

1. 绷带或布条包扎法

(1) 环形包扎法：该法适用于头部、颈部、腕部、胸部及腹部等处，将绷带或布条做成环形，重叠缠绕肢体数圈后即可。

(2) 螺旋包扎法：该法适用于前臂、下肢和手指等部位的包扎。先用环形法固定起始端，将绷带或布条缓慢斜旋上缠或下缠，每圈压住前圈的1/2或1/3，呈螺旋形，尾部在原位上缠两圈后，予以固定。

(3) 螺旋反折包扎法：该法多用于粗细不等的四肢包扎，具体操作为开始先作螺旋形包扎，待到渐粗的地方，以一手拇指按住绷带或布条上，另一手将绷带或布条自该点反折向下，并遮盖前圈的1/2或1/3。各圈反折须排列整齐，反折头不宜在伤口和骨头突出的部位。

(4)“8”字包扎法：该法用于关节处的包扎，具体操作为先在关节中部环形包扎两圈，然后以关节为中心，从中心向两边缠，一圈向上，一圈向下，两圈在关节曲侧交叉，并压住前圈的1/2。

2. 毛巾包扎法

当缺乏专用包扎材料时，可用干净的毛巾、布块等包扎伤口。各部位包扎方法：

（1）头顶部包扎法：毛巾横盖于头顶部，包住前额，两前角拉向头后打结，两后角拉向下颌打结。或者用毛巾横盖在头顶部，包住前额，两前角拉向头后打结，然后两后角向前折叠，左右交叉绕到前额打结。如毛巾太短可接带子。

（2）面部包扎法：将毛巾横置，盖住面部，向后拉紧毛巾的两端，在耳后将两端的上、下角交叉后分别打结，眼、鼻、嘴处剪洞。

（3）眼部包扎法：将毛巾纵向折叠成四指宽的条状，将毛巾横置，盖住伤眼，向后拉紧毛巾的两端打结。

（4）下颌包扎法：将毛巾纵向折叠成四指宽的条状，在一端扎一小带，毛巾中间部分包住下颌，两端上提，小带经头顶部在另一侧耳前与毛巾交叉，然后小带绕前额及枕部与毛巾另一端打结。

（5）肩部包扎法：毛巾斜折放在伤侧肩部，腰边穿带子在上臂固定，叠角向上折，一角盖住肩的前部，从胸前拉向对侧腋下；另一角向上包住肩部，从后背拉向对侧腋下打结。

（6）胸、背部包扎法：全胸包扎时，毛巾对折，腰边中间穿带子，由胸部围绕到背后打结固定。胸前两片毛巾折成三角形，分别将角上提至肩部，包住双侧胸，两角各加带过肩到背后，与横带相遇打结。背部包扎法与胸部包扎法相同，方向相反。

（7）腹部包扎法：将毛巾斜对折，中间穿小带，小带的两端拉向后方，在腰部打结，使毛巾盖住腹部。将上、下两片毛巾的前角各扎一小带，分别绕过大腿根部与毛巾的后角，在大腿外侧打结。臂部包扎与腹部包扎法相同。

（8）手臂包扎法：把毛巾一角打结对准中指，用另一角包住手掌，再围着手臂螺旋形绕好，用系带打结固定。

(9) 肘（膝）关节包扎法：将毛巾折成带形包住关节，两端系带在肘（膝）窝交叉，在外侧打结固定。

3. 三角巾包扎法

将 1 m 长的正方形布对角剪开，在顶角各接一条长 50 cm 的带子，即成为 2 块三角巾。三角巾用途多样，适用于身体各部位，其包扎方法如下：

(1) 头部包扎法。将三角巾底边折叠二指宽，正中放在眉间上部，顶角经头顶垂到脑后，然后将底边经耳上向后拉至枕后交叉，在枕部压住顶角，再回到额部拉紧打结，将顶角塞进交叉处。

(2) 面部三角巾包扎法。将三角巾顶角先打结，然后把顶角放在伤者头顶部，三角巾中央包住面部，在眼、鼻及嘴的地方剪洞，把两底角拉到颈后交叉，再绕到前面颌下打结。

(3) 单眼包扎法。将三角巾折成 3 指宽的带形，以上 1/3 处盖住伤眼，下 2/3 从耳下端绕向脑后至健侧，在健侧眼上方前额处反折后，转向伤侧耳上打结固定。

(4) 肩部包扎法。将三角巾折成燕尾形，燕尾底边放在伤肩下部，两燕尾底边角在腋下后方打结，向上拉紧两燕尾角，使之包住肩部，两燕尾底边角分别以胸前与背后拉向对侧腋下打结。

(5) 胸（背）部包扎法。将三角巾底边横放于胸前，两底角经腋下拉向背部打结，顶角放在伤侧的肩上，接一小带，拉向腰部与三角巾底角打结。背部包扎方法与胸部相同，不同的是从背部包起，在胸部打结。

(6) 腹部包扎法。将三角巾底边横放于上腹部，两底角拉向后方，紧贴腰部打结，顶角朝下，在顶角处结一小带，将顶角从两大腿之间拉向臀部，与在腰部打结后的底角再打结。如果腹部伤口有内脏鼓出的话，先在内脏处盖一块干净敷料，再置一大小适宜的宽边碗，将鼓出的内脏扣住，然后再用上述方法进行包扎，将扣碗包在三角巾内。

(7) 手部包扎法。将手掌放在三角巾的中央，顶角折回盖在手背上，两底角左右包绕手背做交叉，并将顶角反折在交叉点上，然后两底角再回绕到腕部一周，压住顶角打结。

(8) 足部包扎法。将脚底放在三角巾中央，提起顶角折回盖在足背上，将一侧底角提起折向足的另一侧，绕踝关节一周与顶角打结，然后提起另一侧底角绕踝关节一周，再与另一底角打结。

4. 包扎时应注意的事项

(1) 包扎时，应做到动作迅速、敏捷，不可触碰伤口，以免引起出血、疼痛和感染。

(2) 不能用井下的污水冲洗伤口。伤口表面的异物（如煤块、矸石等）应去除，但深部异物需运至医院取出，防止重复感染。

(3) 包扎动作要轻柔，松紧度要适宜，不可过松或过紧。结头不要打在伤口上，应使伤员体位舒适，绑扎部位应维持在功能位置。

(4) 胸部创伤若造成胸腔与外界相通，可造成致命的张力性气胸，伤员的存活机会要视紧密封闭伤口的速度而定。此时抢救者应尽快为伤员封闭伤口。

(5) 脱出的内脏不可纳回伤口，以免造成体腔内感染。

(6) 包扎范围应超出伤口边缘 5 ~ 10 cm。

(四) 骨折的临时固定

骨折固定的目的是避免骨折端继发性损伤，减轻伤员的疼痛，有利于防止休克的发生，便于伤员的搬运。

1. 材料选择

骨折固定时，应使用夹板、绷带、三角巾、棉垫等物品。没有上述物品时可就地取材，如可用树枝、木板、木棍、硬纸板、塑料板、衣物、毛巾等代替，或借助自身肢体或躯体进行固定。

2. 固定方法

（1）锁骨骨折：用一块“丁”字形夹板放在伤员背后，先用一条三角巾（或宽布带）将夹板下端固定在腰部，然后再用两条三角巾（或布带）将夹板上端两头分别固定在两侧肩部。

若无夹板，先用毛巾或衣服片垫在两腋窝下，然后用两条折成带状的三角巾（绷带或布条）分别环绕两个肩关节，在肩部打结；再分别将三角巾的底角拉紧，在两肩过度后张的情况下，在背部将底角拉紧打结，锁骨得到固定。

（2）上臂骨折：可用1~3块夹板进行固定。如用一块夹板固定时，夹板放在伤臂外侧；用两块夹板固定时，伤臂内侧与外侧各放一块；用三块夹板固定时，在伤臂的前、后、外侧各放一块。夹板与伤臂之间要放衬垫，用三角巾或布带等在骨折部位的上、下两端绑扎，进行固定，使肘关节屈曲90°，再用一条三角巾，将前臂吊在胸前。

无夹板可将三角巾或衣服片折成长条形，将伤侧上臂固定在胸部，再将前臂悬吊在胸前。

（3）肘关节骨折固定：当肘关节弯曲时，用两带状三角巾和一块夹板将关节固定；当肘关节伸直时，可用一卷绷带和一块三角巾将肘关节固定。

（4）前臂及手部骨折：用衬好的两块夹板或代用物，分别放置在患侧前臂及手的掌侧及背侧，用布带将夹板两端绑好，然后肘关节屈曲成90°，再用三角巾将前臂吊在胸前。

若无夹板时，可将伤者身上工作服的伤侧衣襟反折兜住伤臂，衣襟角剪一小孔，扣在适宜的纽扣上，再将上臂用腰带或布带绕胸固定。如有三角巾，则先用一条三角巾将伤臂吊在胸前，再用一条三角巾将上臂与胸部绑在一起，加以固定。

（5）大腿骨折：用两块夹板，外侧夹板长度由腋下到足跟，内侧夹板长度由大腿到足跟，踝关节与膝关节加垫，用三角巾或布带分段固定。骨折部位的上端与下端、踝关节、膝关节与小腿中部、髋部与腰部等处各绑一块三角巾固定。

若无夹板，可用数块三角巾或绷带、布条等，将伤肢与健侧肢体绑在一起固定。

(6) 小腿骨折：用一块长度从大腿中部到足跟的夹板，置于小腿外侧；若用两块夹板，则内、外侧各一块。再用4～5块三角巾或绷带、布条等分段加以固定。

无夹板时将伤肢与健肢分段绑在一起固定。

(7) 肋骨骨折：用两条三角巾或衣服片折成四指带，在伤员呼气末，立即围胸固定，在健侧胸壁打节。

(8) 脊柱骨折：应依照伤员伤后的姿势加以固定，不能轻易搬动。用“工”字形夹板固定时，把长的一块顺着人体放在紧贴脊柱处，把短的两块横压在竖板的两端，分别放在两肩和腰骶部，然后用绷带或三角巾固定在两肩和腰骶部。先固定上端的一块横板，再固定下端的横板。

(9) 骨盆骨折：用衣物将骨盆包扎住，并将伤员两下肢互相捆绑在一起，膝、踝间加以软垫，曲髋、曲膝。多人将伤员仰卧平托在木板担架上。有骨盆骨折者，应注意检查有无内脏损伤及内出血。

3. 固定时的注意事项

(1) 对于闭合性骨折中有严重扭转时，可以进行纵轴牵引，再加以固定。

(2) 开放性骨折，如伤口出血，应先止血，包扎伤口，然后再固定。对外露的骨折端不要送回伤口，以免增加感染的概率。

(3) 在断骨未固定前，要避免不必要的检查，尽量不移动伤员或伤肢，为尽快找到伤口，可以将伤员的衣裤剪开。

(4) 固定范围应包括伤部的上下两个关节，绑扎时要先绑上端，后绑下端。

(5) 用于固定的材料长度和宽度要比较适宜，松紧度要合适，固定后不能使伤肢感到麻木、变色或发凉。因此固定时要将手、脚的指、趾端露在外面，以便于观察血液循环。

（6）用于固定的夹板不能直接与伤口及皮肤接触，在骨性突起和空隙的部位，必须用毛巾、棉花或衣片等软物垫好。

（五）伤员搬运

井下条件复杂、道路不畅时，转运伤员要尽量做到轻、稳、快。没有经初步固定、止血、包扎和抢救的伤员，一般不应转运。搬运时应做到尽量不增加伤员的痛苦，避免造成新的损伤及合并症。搬运伤员时，可根据伤员的情况，因地制宜，选用不同的搬运工具和方法。

1. 搬运方法

1）单人搬运

（1）扶持法：伤势较轻者可扶着走。

（2）抱持法：救护者一手扶伤员的脊背，一手放在伤员的大腿后面，将伤员抱起来前进。

（3）背负法：救护者背向伤员，让伤员伏在背上，双手绕颈交叉下垂，救护者将伤员背起。

（4）肩负法：把伤员腹部搭在右肩上，右手抱住双腿，左手握住伤员右手，或用右手将伤员双腿与右手一并抱住。

2）双人搬运

（1）椅托式：抢救者两人手臂交叉，呈座椅状。

（2）拉车式：一名抢救者抱住伤员双膝，另一名抢救者双手从腋下抱住伤员。

（3）平托法：两名抢救者双手平抱伤员胸背部、臀部及下肢。

3）制作简易担架搬运

在没有担架的情况下，可用木板、毯子、衣服、风筒、绳子、竹竿、梯子等代替担架。

2. 搬运时的注意事项

（1）呼吸、心跳骤停及休克昏迷的伤员，应先及时复苏后再搬运。若没有懂得复苏技术的人员时，则可为争取抢救的时间而迅速向外搬运，去迎接救护人员，进行及时抢救。

（2）对昏迷、窒息的伤员，要把肩部稍垫高，使头部后仰，面部偏向一侧或采用侧卧位，以防胃内呕吐物或舌头后坠堵塞气管，注意随时都要确保呼吸道的通畅。

（3）一般伤员均应先行进行止血、固定、包扎等初步救护后，再用担架、木板、风筒、刮板输送机槽、绳网等运送。但脊柱损伤和骨盆骨折的伤员应用硬板担架运送。

（4）一般外伤的伤员，可平卧在担架上，伤肢抬高；胸部外伤的伤员可取半坐位；有开放性气胸者，需封闭包扎后，才可转运。腹腔内脏损伤的伤员，可平卧，用宽布带将腹腔部捆在担架上，以减轻痛苦及出血。骨盆骨折的伤员可仰卧在硬板担架上，曲髋、曲膝，膝下垫软枕或衣物，用布带将骨盆捆在担架上。

（5）对有脊柱损伤的伤员，要严禁让其坐起、站立和行走，不能用一人抬头、一人抱腿或人背的方法搬运。因为当脊柱损伤后，再弯曲活动时，有可能损伤脊髓而造成伤员截瘫，甚至突然死亡，所以在搬运时要十分小心。

搬运胸、腰椎损伤的伤员时，先将硬板担架放在伤员旁边，由专人照顾骨折处，另有 2 ~ 3 人保持脊柱伸直位。根据伤员受伤时的姿势，同时用力轻轻将伤员平托或推滚到担架上，用力大小、快慢要保持一致，以保证伤员脊柱不弯曲。伤员在硬板担架上取仰卧位，受伤部位垫上薄垫或衣物，使脊柱呈过伸位。必须用软担架时，应使伤员处于俯卧位。

在搬运颈椎损伤的伤员时，不应随意翻动伤员，更不能让伤员抬头、点头或摇头，要有专人抱持伤员的头部，轻轻地向水平方向牵引，并且固定在中立位，不使颈椎弯曲，严禁左右转动。搬运者多人双手分别托住颈肩部、胸腰部、臀部及两下肢，同时用力移上担架，取仰卧位。担架应用硬木板，肩下应垫软枕或衣物，使颈椎呈伸展样（颈下不可垫衣物），头部两侧用衣物固定，防止颈部扭转。若伤员的头和颈已处于歪曲位置，则需按其自然固有的姿势固定，不可勉强纠正，以避免损伤脊髓而造成高位截瘫，甚至突然死亡。

（6）转运伤员时，应让伤员的头部在后面，随行的救护人员要时刻注意伤员的面色、呼吸、脉搏，必要时进行及时抢救。随时注意观察伤口是否继续出血、固定是否牢固，出现问题要及时处理。走上下山时，应尽量保持担架平衡，防止伤员从担架上翻滚下来。

（7）救护者将伤员运送到井上后，应向接管医生详细介绍受伤情况及检查、抢救经过。

四、井下灾害事故所致创伤的急救

意外创伤在煤矿生产突发事故中随时可能遇到。现场急救是否及时、妥善，直接关系伤员的生命安危和预后效果。对急危重伤员，可以说时间就是生命。现场急救搞得好，可降低伤员的死亡机率；人员受伤害后，2 min 内进行急救的成功率可达 70%，4 ~5 min 内进行急救的成功率可达 43%，15 min 以后进行急救的成功率则较低。

（一）对中毒或窒息人员的急救

（1）尽快将伤员从危险区抢运到新鲜风流中，并安置在顶板良好、无淋水的地点。

（2）立即将伤员口、鼻内的黏液、血块、泥土、碎煤等除去，并解开其上衣和腰带，脱掉其胶鞋。

（3）用衣服覆盖在伤员身上，以保持伤员体温。

（4）根据伤员的心跳、呼吸、瞳孔等特征和神志情况，初步判断伤情。对呼吸困难或停止呼吸者，应及时进行人工呼吸。当出现心跳停止的现象时，除进行人工呼吸外，还应同时进行胸外心脏按压急救。

(5) 对 SO_2 和 NO_2 的中毒者，只能进行口对口的人工呼吸，不能进行压胸或压背法的人工呼吸，否则会加重伤情。当伤员出现眼红肿、流泪、畏光、喉痛、咳嗽、胸闷现象时，说明是受 SO_2 中毒所致；当出现眼红肿、流泪，喉痛及手指、头发呈黄褐色现象时，说明伤员是受 NO_2 中毒所致。

(6) 人工呼吸持续的时间以恢复自主性呼吸或伤员真正死亡时为止。当救护队到达现场后，伤员应转由救护队用苏生器进行抢救。

(二) 对外伤人员的急救

1. 对出血人员的急救

对外伤出血人员的急救，首先要争分夺秒，准确有效地进行止血，然后再进行相应的急救处理。止血方法根据出血种类的不同而不同。

1) 出血的种类

(1) 动脉出血：由于动脉血管内压力较高，所以出血时呈泉涌、搏动性，尤其是大的动脉血管破裂，血液呈喷射状，颜色鲜红，出血量多，速度快，常在短时间内造成大量失血，易引起生命危险。

(2) 静脉出血：静脉出血时，血液缓缓不断地从伤口外流，呈暗红色。如大静脉出血，往往受呼吸的影响，吸气时流出较为缓慢，呼气时流出较快。

(3) 毛细血管出血：毛细血管出血时，血液呈水珠状从创面或创口四周渗出，出血量少，色红，找不到明显的出血点，危险性小，多能自动凝固止血。

2) 出血的急救要点

对不同出血种类，采用相应的止血方法，其急救要点如下：

(1) 毛细血管和小静脉出血，一般用干净布条包扎伤口即可。

(2) 大静脉出血，可用加压包扎法止血。

(3) 动脉出血，应采用指压止血法、加压包扎止血法或止血带止血法。

(4) 对因内伤而咯血的伤员，首先使其取半躺半坐的姿势，以利于呼吸和防止窒息；然后，劝慰伤员要平稳呼吸，不要惊慌，以免血压升高，呼吸加快，使出血量增多；最后，等待医生下井急救或护送出井就医。

2. 对骨折伤员的急救

对骨折伤员首先要了解伤情，先查生命体征，后查局部伤情，以确定骨折性质、部位和范围。由骨折伴发的疼痛、肿胀、伤口流血，极易使人惊慌失措，因此要稳定伤员情绪。在判断不清楚是否有骨折的情况下，应按骨折来处理，以避免延误治疗时机。

对闭合性骨折、有明显畸形的伤肢可进行大体纠正，如有穿破皮肤、损伤血管、神经的危险时，应尽量消除显著的移位，然后用夹板固定。

对开放性骨折应先止血包扎后，再进行固定。骨折断端错位，救护时暂不要复位，即使断端已穿破皮肤露在外面，也不可进行复位，而应按受伤原状包扎固定。若在包扎创口时骨折端已自行滑回创口内，须向负责医师说明，使其注意。

疑有脊柱及骨盆骨折损伤的伤员，应尽量避免移动骨折处，无论伤员是仰卧或俯卧，尽量不变动原来姿势，以免使损伤加重。

对受挤压的肢体，不得按摩、热敷或绑电缆皮，以免加重伤员伤情。

3. 对烧伤人员的急救

矿井中烧伤多由火灾、瓦斯燃烧或爆炸引起。对烧伤人员的急救的要点可概括为“一灭、二查、三防、四包、五送”。

一灭，就是灭火第一，采取各种有效措施灭火，使伤员尽快脱离热源，缩短烧伤时间。衣服起火时应立即脱去或用水浇灭，或令伤员就地卧倒，慢慢翻身滚动，借以压灭火焰，或利用手边的棉被、大衣等厚的布类覆盖起火处，以隔绝空气而灭火。身上起火，不可惊慌奔跑；不要站立呼喊，以免导致呼吸道烧伤。

二查，即检查全身。出现烧伤，如不做初步的全身检查，就会只顾烧伤，而忽略了其他合并损伤，给伤员带来不应有的损失，甚至危及生命。对于因爆炸冲击而引起烧伤的伤员，应特别注意有无颅脑、内脏损伤或呼吸道烧伤。

三防，即防休克、防窒息、防创面污染。伤员烧伤的疼痛和紧张情绪，有时会导致休克，可用针灸止痛，或其他止痛药物止痛。

四包，即用干净的衣物包裹伤面，防止再次污染。在现场，除化学烧伤可用大量流动的清水持续冲洗外，其余烧伤创面一般不作特殊处理，尽量不要弄破水泡，保护表皮。

五送，即迅速把伤员运送到医院。搬运时，伤员要呈仰卧位，动作要轻柔，行进要平稳，随时观察伤员情况。对于呼吸，心跳不规则，甚至停止者，应就地进行紧急抢救。

（三）对溺水者的急救

（1）转送：把溺水者从水中救出后，要立即送到比较温暖和空气流通的地方，松开腰带，脱掉湿衣服，盖上干衣服，以保持体温。

（2）检查：以最快的速度检查溺水者的口鼻，如果有泥水和污物堵塞，应迅速清除，擦洗干净，以保持呼吸道通畅。

（3）控水：使溺水者取俯卧位，用木料、衣服等垫在肚子下面，或救护者将左腿跪下，把溺水者的腹部放在救护者的右侧大腿上，使其头朝下，并压其背部，迫使其体内的水由气管、口腔内流出。

（4）心肺复苏：如溺水者呼吸停止，应立即做俯卧压背式人工呼吸或口对口吹气；如溺水者心跳停止，应立即进行胸外心脏按压。

（四）对触电者的急救

（1）首先要迅速使触电者脱离电源。

（2）迅速观察伤员有无呼吸和心跳。触电最严重的情况是触电者的呼吸、心跳停止。如触电者已停止呼吸，心跳或心音微弱，也应毫不迟疑地进行人工呼吸和胸外心脏按压，不要轻易放弃抢救。

（3）身体直接接触电源部位会引起电烧伤。临床表现有入口与出口，一般限于导电体接触的部位，但实际破坏较深，可达肌肉、骨骼或内脏，入口处更严重。电击伤的伤口应进行早期清创处理，创面宜暴露，不宜包扎，以防组织腐烂、感染。

（4）对遭受电击者，如有其他损伤，如跌伤、出血、骨折等，应作相应的急救处理。

复习思考题

1. 发生事故后，现场人员的行动原则是什么？

2. 自救器有哪几种？下井时配备的是哪一种？其使用条件是什么？

3. 矿工互救的基本原则是什么？

4. 在避难硐室避难时应注意哪些事项？

5. 井下发生爆炸时现场人员应如何自救、互救？

6. 井下发生煤与瓦斯突出时，现场人员应如何自救、互救？

7. 井下发生明火火灾时，现场人员应如何自救、互救？

8. 井下发生突水事故时，遇险人员如何自救、互救？

9. 井下发生冒顶事故时，遇险人员如何自救、互救？

10. 如何进行人工呼吸？

11. 如何进行胸外心脏按压？

12. 止血和创伤包扎方法有哪几种？如何进行指压止血和毛

巾包扎？

13. 使用止血带止血法的注意事项有哪些？

14. 试述骨折固定的作用和抢救时的要点。

15. 井下搬运伤员时，应注意哪些事项？

16. 试述对中毒或窒息人员的急救方法。

17. 试述对烧伤人员及出血人员的急救方法。

18. 试述对溺水者的急救方法。

19. 试述对触电者的急救方法。

参考文献

[1] 王树玉．煤矿五大灾害事故分析和防治对策［M］．徐州：中国矿业大学出版社，2006.

[2] 国家安全生产监督管理总局，国家煤矿安全监察局．煤矿安全规程［M］．北京：煤炭工业出版社，2011.

[3] 王玉宝．煤矿安全检查工［M］．北京：煤炭工业出版社，2005.

[4] 周忠林．煤矿安全检查工［M］．徐州：中国矿业大学出版社，2007.

[5] 宁廷全．煤矿安全生产管理人员［M］．北京：煤炭工业出版社，2006.

[6] 白国杰．采煤概论［M］．北京：煤炭工业出版社，1991.

[7] 吴晓煜．煤矿安全管理与监察工作指导［M］．北京：煤炭工业出版社，2002.

[8] 张军．煤矿安全检查员［M］．北京：煤炭工业出版社，2008.

[9] 国家安全生产监督管理总局宣传教育中心．煤矿从业人员安全生产培训教材［M］．徐州：中国矿业大学出版社，2008.

[10] 金磊夫．煤矿安全检查工操作资格培训考核教材［M］．2版．徐州：中国矿业大学出版社，2010.

图书在版编目（CIP）数据

绞车操作工/田清主编. --北京：煤炭工业出版社，2015
煤矿安全培训系列教材
ISBN 978-7-5020-4785-6

Ⅰ.①绞… Ⅱ.①田… Ⅲ.①矿井提升—绞车—安全技术—技术培训—教材 Ⅳ.①TD534

中国版本图书馆 CIP 数据核字（2015）第 029230 号

绞车操作工（煤矿安全培训系列教材）

主　　编　田　清
责任编辑　向云霞　杨晓艳
编　　辑　李景辉
责任校对　李新荣
封面设计　安德馨

出版发行　煤炭工业出版社（北京市朝阳区芍药居 35 号　100029）
电　　话　010-84657898（总编室）
010-64018321（发行部）　010-84657880（读者服务部）
电子信箱　cciph612@126.com
网　　址　www.cciph.com.cn
印　　刷　煤炭工业出版社印刷厂
经　　销　全国新华书店

开　　本　850mm×1168mm 1/32　**印张**　8　**字数**　206 千字
版　　次　2015 年 5 月第 1 版　2015 年 5 月第 1 次印刷
社内编号　7640　**定价**　26.00 元